# 九型人格

## 探索人心深处的密码

ENNEAGRAM

赵芳◎著

煤炭工业出版社
·北 京·

**图书在版编目（CIP）数据**

九型人格：探索人心深处的密码/赵芳著．--北京：煤炭工业出版社，2018

ISBN 978-7-5020-5363-5

Ⅰ．①九…　Ⅱ．①赵…　Ⅲ．①人格心理学—通俗读物　Ⅳ．①B848-49

中国版本图书馆 CIP 数据核字（2017）第 314834 号

**九型人格**

——探索人心深处的密码

**著　　者**　赵　芳
**责任编辑**　刘少辉
**封面设计**　胡椒书衣
**出版发行**　煤炭工业出版社（北京市朝阳区芍药居 35 号　100029）
**电　　话**　010-84657898（总编室）
　　　　　　010-64018321（发行部）　010-84657880（读者服务部）
**电子信箱**　cciph612@126.com
**网　　址**　www.cciph.com.cn
**印　　刷**　北京亚通印刷有限责任公司
**经　　销**　全国新华书店
**开　　本**　710mm×1000mm 1/16　**印张**　19　**字数**　300 千字
**版　　次**　2018 年 4 月第 1 版　2018 年 4 月第 1 次印刷
**社内编号**　8220　**定价**　49.80 元

# 前言

千人千面，如何看人识人，让自己与其更好地相处结交呢？

《淮南子·原道》中写道："万物有所生，而独知守其根。"意思是说，世间万物都有其生存发展的不同规律，但唯独都知道应该保住自己的根本。作为世间万物之一的人类，我们的"根"是什么呢？佛陀早就给出了答案：根是能产生感觉、善恶观念的机体或精神力量。心理学家将佛陀的这句话又归纳为一个词——本我。

每个人都拥有本我，从你出生的那一刻，你就拥有了本我。你在婴儿时期无意识的种种表现就是拥有本我的证明。

从心理学的角度来分析，本我是人格中最早，也是最原始的部分，是生物性冲动和欲望的贮存库。本我由各种生物本能的能量所构成，完全处于无意识状态中。它是人出生时就固着于体内的一切心理积淀物，是被压抑、摒弃于一时之外的人的非理性的、无意识的生命力、内驱力、本能、冲动、欲望等心理能力。

当你找到了本我，你就能在正确的时间、正确的地点做正确的事，你的生活将不再有苦恼，而是充盈着欢乐。

然而，大多数人的生活中都有着或多或少的烦恼，这就说明他们还没有找到本我。那么，到底是什么阻碍了他们找到本我呢？在无数智者的艰苦探索后，人们最终得以知晓这个问题的答案：性格。而性格恰恰是我们自己制造出来以面对世界的一种工具。也就是说，是我们自己成为了我们寻找本我的最大障碍。

要想找到本我，我们首先要了解自己的性格。自古以来的灵修方法的本质都是在帮助人们从性格中解脱，寻回本我，不再活在情绪与焦虑之中。在这些研究性格的方法中，九型人格的效果尤为突出。它起源于2500多年前的苏菲教，是教会的牧师用以开启教众灵性，解决教众困扰的一种方式。九型人格通过分析人们行为背后的出发点，即基本欲望和基本恐惧，将所有的人划分为九种类型，其基本原理为：人与人是有差异的，有不同的原动力和价值观，不同性格的人需要用不同的方式来管理和沟通。

在本书中，我们详细分析了九型人格的基本原理，深入研究了九型人格运用的心理基础，并在九型人格的应用上下足了笔墨。对九型人格中的每一型，我们都准备了一个自测题帮助你进一步确定人格类型，并在性格初探中详细解析该类型的性格特征，在相处之道中解析和该类型人的相处要点，在职场攻略中讲解应对该类型上司、员工的方法，在爱情蜜月中分析如何赢取该类型人格伴侣的技巧，较为全面地介绍了九型人格这门能够带给人智慧——通晓人性、掌握人心的学问。通过阅读此书，人们能够快速地发现自己的潜能与缺陷，逐渐看清性格掩盖下的本我真相，从而守住我们心灵的根，获得无忧无虑的幸福人生。

本书在编写过程中，借鉴了许多九型人格研究者的观点，在此致以最诚挚的感谢！

作　者

2018.1

# 目录

## 第一篇 解密1号人格，发挥完美优势

## 第二篇 解密2号人格，让爱播撒人间

## 第三篇 解密3号人格：把世界看作赛跑



## 第四篇 解密4号人格：独一无二的人生

# 序　篇
## 九型人格的前世今生

九型人格认为，尽管人们行为上的表现千差万别，但是行为背后的出发点即基本欲望和基本恐惧却是有限并差不多的。按照人们的基本欲望和基本恐惧，所有的人可以划分为九种类型，每一个人都属于其中一个型号。这种型号是天生的，而且终生很难改变。

# 第一章 生生不息的古老智能

“九型人格”理论是这个星球上最古老的人类发展体系，像所有真正的关于个人意识的学说一样，它在每个新的时代都会焕发出新的生命，扩充新的概念。为了掌握这门认识自我的智能，我们首先要探索它的心理基础及使用技巧，才能真正利用九型人格来帮助我们寻找到本我。

## 九型人格——阐释心理学的东方苏菲教智慧

现在人们对心理学越来越感兴趣，那么心理学到底是个什么东西？它为什么能够对我们的生活产生如此巨大的影响？

要了解心理学，先要了解我们人人都有的心理。从来到这个世界时开始，我们就开始利用自身的各种感官来认识外部世界，通过头脑的活动思考着事物的因果关系，并伴随着喜、怒、哀、乐等情感体验，这折射的一系列心理现象的整个过程就是心理过程。人类对自身这些心理现象的探究，就是心理学。

从有人类文明史以来，人类就开始了对自身心理现象的探究。两千多年前，我国思想家孔子、孟子的著作及《黄帝内经》等古籍中，已蕴含着丰富的心理思想。同时代的古希腊学者亚里士多德的《灵魂论》一书，也是人类文明史上有关心理现象研究的专著，在这本著作中，他把人的灵魂看作是生活的动力和生命的原理，是身体存在的形式，认为灵魂支配着身体活动，有自己的活动规律，他还对感觉进行了研究，并提出类似、对比、接近等原理。这些都论证了一点：心理学起源于哲学。

从字面上来看，心理学的英文单词psychology，是由希腊文中的payche和logos两词演变而成，payche指“灵魂”，logos指“讲述”，两者联合在一起就很好地阐述了心理学的核心：心理学是阐述灵魂的学问。灵魂在希腊文中也有气体或呼吸的意思，因为古代人们认为生命依赖于呼吸，呼吸停止，生命就完结了。随着科学的发展，心理学的对象由灵魂改为心灵，但它还没能从哲学中独立出来。

到了19世纪，生理学和物理学的飞速发展为科学心理学的诞生准备了必要条件。德国生理心理学家冯特在德国的莱比锡大学创立了世界上第一个心理实验室，用实验的手段来研究心理现象，这被公认为是心理科学独立的标志。冯特反对用哲学思辨的方式探讨心理现象，坚持用观察、实验以及数理统计等自然科学的方法去揭示心理过程的规律，这最终使得心理学从哲学中真正分离出来而成为一门独立的科学。冯特的著作《生理心理学原理》一书也被誉为“心理学独立的宣言书”，它是心理学史上第一部有系统体系的心理学专著。冯特也成为了科学心理学的奠基人，也是心理学史上第一位专业心理学家。但第一次庄严宣布心理学是科学的人并非冯特，而是德国哲学心理学家赫尔巴特在其于1825年出版的《作为科学的心理学》一书中明确提出的，同时，他还主张将心理学与哲学、生理学区别开来。

科学的心理学不仅对人类的心理现象进行描述，更重要的是对心理现象进行说明，以揭示其发生发展的规律。到了20世纪20～60年代，心理学又被界定为：心理学是研究行为的科学，行为是指可以观察到的外显活动。在20世纪70年代，人们在心理学的研究上有了新的突破，心理学的定义得到修改：心理学是对行为和心理历程的科学研究。这一新的界定修正了以前的研究对行为的偏重，加上了“心理历程”，意指“内外兼顾”，由此开启了现代心理学的开端。

当然，我们也可以把心理学的作用理解得更简单一些：心理学教人们尽可能地按照科学的方法，间接地观察、研究或思考人的心理过程（包括感觉、知觉、注意、记忆、思维、想象和言语等过程）是怎样的，人与人有什么不同，为什么会有这样和那样的不同。即通过人的人格或个性，包括需要与动机、能力、气质、性格和自我意识等，从而得出适用人类的、一般性的规律，继而运用这些规律，更好地服务于人类的生产和实践。

为了更好地通过研究人们心理来获得更多的规律，人们创造了许多种心理研究方法，其中一种来自东方苏菲教的远古智慧——九型人格，凭借其超强的实用性经受住了时间的考验，并流传了下来，成为了当下人们认知自我、了解他人的最佳心理分析工具。

## 解决成长障碍的最佳方法

问自己一个问题：“在这个世界上，你最想了解的东西是什么？”在答案只能限定一个事物的情况下，大多数人沉思许久后，常常会给出这样一个答案：“我自己。”认知自我，是人类的天性，也是让自己获得良好发展的最佳途径。因此，这个世界上不想了解自己的人实在太少。

那么，我们为什么想了解自己呢？原因可归为两大类。

**第一类原因：好奇**

心理学家认为，人的本性是不满足，好奇就是不满足心态的一种表现形式，人们往往通过好奇来促使自己去了解更多事物，以缓解自己的不满足心态。因此，人们总是渴望知道自己的大脑、心灵和感觉运作的方式。

比如，人们常常会反思：

我为什么感到快乐呢？

我为什么感到悲伤呢？

……

在我们内心感到孤单寂寞时，我们常常思考这些问题，也积极地和其他人讨论这些问题，这使得人生增添了无穷的趣味性。正如哈佛大学第26任校长陆登庭在“世界著名大学校长论坛”上所说：“如果没有好奇心和纯粹的求知欲为动力，就不可能产生那些对人类和社会具有巨大价值的发明创造。”

人因为有了好奇心，所以人生充满了问题，这些问题有的前人已给出答案，有的等待我们去解答。总之，人生就是一个不断发现问题、不断解答问题的过程。

**第二类原因：实用**

人们之所以想了解自己，除了满足人本能的好奇心之外，更多的是为了让自己生活得更好、更幸福，这就是追求实用的典型表现。因为很多时候，人们是在感到疑惑、痛苦的情况下提出疑问，滋生想了解自己的欲望的，从而达到自己激发潜力、规避性格缺陷的目的。

比如，当人们在生活中遭遇不快乐的事情时，常常抱怨：

我怎么就没想到这一点呢？

为什么他们看不到我的努力呢？

为什么她考试成绩总是比我好？

如果今天不堵车，我就不会迟到。

当我们不快乐时，我们常常抱怨自己，抱怨他人，但归根结底，这些不快乐因素产生的根源都在于我们自己，这也就是我们为什么要了解自己的原因。

比如，“我怎么就没想到这一点呢？”多是因为你思维习惯偏窄，看问题不全面，做事情又容易钻牛角尖。如果你能在做事前多听多看多了解，懂得灵活变通，就能避免这类抱怨的产生。

“为什么他们看不到我的努力呢？”当出现这种情况时，你首先需要明白：你做的努力还远远不够，因此你需要继续努力，直到感化他们为止。

“为什么她考试成绩总是比我好？”我们不能光看到别人耀眼的成绩，更要看到别人为此付出的艰辛，要想考得和她一样好，或者超越她，就需要付出和她一样或超过她的努力。

“如果今天不堵车，我就不会迟到。”堵车并非不可避免，只要你早出门十分钟，往往就能规避“堵车”的问题。

哲学家常说：“内因决定外因。”外因太广泛以至于难以掌控，因此人们只有从最容易的入手：了解自己，掌控自己，才易获得人生的幸福。

然而，尽管我们明白这些道理，却难以做到了解自己，更难以掌控自己，因此免不了活在烦恼痛苦之中。为了摆脱这些烦恼和痛苦，许多人选择向专业的心理医生求助。要知道，这些向心理医生求助的人大多是众人眼中的“成功者”，这些被美国心理学家查尔斯·T.塔特称为“成功的不满者”的人大多受过良好的教育，事业成功，婚姻美满，儿女聪慧，但他们却不快乐，根本原因在于他们不理解自己。

这些“成功不满者”的出现，促进了人本心理学和后人本心理学的发展。这类心理学派认为，一旦人们在普通生活层面获得了成功，他们如果想要继续获得健康和快乐，就会进入存在和精神的领域。

在浅层次，有关普通生活层面的性格分析理论都是有效的，但是如果我们需要进一步发展，这些理论的缺陷就会暴露出来，我们就会对它们感到失望，而且很可能并不知道是什么原因造成的。说得简单一点，这就是成长障碍的问题。

在众多心理学家实践后发现，九型人格是目前解决人生中成长障碍问题的最佳方法。九型人格将世界上的人分为九种人格类型，每一种人格类型都是建立在不同的感知类型上，每一种人格类型都各有优缺点，如果人们能够清楚地认知自己的人格类型，并做到扬长避短，就能帮助我们更好地理解和改造我们的个性，减少我们生活的烦恼苦痛，增添我们生活的快乐。

然而，世界上没有完美的事物，九型人格也不例外。因此，我们不得不在此告诫那些初学九型人格的人们，不要痴迷于九型人格的识人能力，而忘却了它仅仅是一件帮助我们认识深层自我的工具，因为这容易犯了佛学常说的“我执”，你将得到的就不是愉悦的本真，而是无尽的烦恼了。

## 九型人格：应用心理学的分支

应用心理学是心理学中迅速发展的一个重要学科分支，它致力于将心理学理论应用于促进人类社会的发展、解决人类的心理问题的实践活动中。应用心理学研究领域已覆盖了人类生活的各个方面，分为多个研究方向，如心理测量与咨询，医学与临床心理学（心理咨询、心理卫生），管理（工业）心理学，人力资源管理心理学，经济（包括广告、消费）心理学等。九型人格作为一个定位人的本性、定位人的内心如何运作的工具，能够帮助人们更好地洞察自身及他人那些强烈的情绪，分析它们产生的原因，且应用到生活的方方面面都能取得不错的效果，比如改善夫妻关系、更好地教育子女、更好地与上司沟通等。由此我们可以得出结论：九型人格是应用心理学的一个分支。

九型人格，在英文中称为Enneagram，又称性格型态学、九种性格，它近年来备受美国斯坦福等国际著名大学MBA学员推崇，并成为如今最热门的课程之一，几十年来风行欧美学术界及工商界。

九型人格与其他人格分类法相似，是人们研究人格的一种方法。它的起源时间和形成经过已不可考，但是研究者一致认为它的起源非常久远，可能要追溯到公元前2500年甚至更早。

大多数人认为，九型人格来自公元9世纪中亚和波斯地区兴起的神秘信仰——苏菲教，其教义认为：在人追求至高觉悟的过程中，人的性格将成为他们发掘自身潜力的导引者。人性的发展是一个包括了不同阶段的完整体系，从最基本的性格特征，到一些不平常的潜能，比如爱的能力、感受他人的能力和先知先觉的能力，这是一个漫长的演变过程，而本书中出现的“九型人格图”仅仅是这个完整模式的一部分。

那么，九型人格是怎样产生的呢？

据传，苏菲教有个长者，因为他善于开导人们，为别人排忧解难，所以被称为灵性教师。灵性教师经常和他的弟子在一起探讨学问。随着频繁的接触，灵性教师发现不同的弟子有不同的表现，比如有的人十分邋遢，有的人却很在意穿着打扮；有的人喜欢静静地思考一个问题，有的人却喜欢和别人交谈、辩论；有的人急于知道某个问题的答案，有的人却很享受灵性教师分析问题的过程……

为什么弟子会有不同的表现？灵性教师对这一现象产生了浓厚兴趣，于是，他着手对人的各种表现加以分析、总结，并将有同一性格特征的人归为一类，共有九类。后来经过更多的调查研究，灵性教师发现，生活中的每个人都离不开这九种类型，于是，最初的“九型人格”诞生了。

这项“发明”只有苏菲教派的灵性教师知道，用以开启教众的灵性，而且数千年来一直都是以秘密的方式流传。它的神奇之处不仅仅在于每个前去请求灵性教师解决困扰的人，都得到了非常满意的解答，还在于即使是相同的问题，每个人的解答却不同。

公元1920年，俄国人古尔捷耶夫（G. I. Guardjieff）首先将九型人格学说传入西方，用它来阐释人类的九种特质，而真正将这套学说发扬光大的是艾瑞卡学院的创办人奥斯卡·伊察索（Oscar Ichazo）。

奥斯卡·伊察索宣称九型人格学说是他在19世纪50年代旅行于阿富汗对从苏菲教派里学得。他将人类的九种欲望放进九型人格学说中，并将这套学说作为人类心理训练的教材。许多知名的心理学家、精神病学家都曾追随伊察索学习九型人格学。其中知名的精神病学家克劳狄亚纳朗荷，在智利学习后，便将这门知识传入美国加州，开设起一系列的工作坊，探索人的性格型态。九型人格由美国加州斯坦福大学发扬光大，其传播到中国，还是近几年的事。

之所以这种古老的口口相传的性格分析理论能够在如今的时代掀起热潮，主要在于它能够帮助我们认识自己的性格特征，让我们更轻松地生活；它让我们对自己的同事、恋人、家人和朋友有更多了解；它让我们去发掘不同性格所拥有的潜能，这些潜能包括了爱的能力、感受他人的能力以及先知先觉的能力。总之，九型人格是一门十分有效的性格分析工具，它能让你更了解你自己，帮助你处理你的人际关系，并把你个性中的潜在能力挖掘出来。

但也要注意，九型里没有好的、坏的型号，只是一个人主观看世界的方式，因此不要狭隘地看待九型人格。我们在阅读此书时，千万不要捡了芝麻，丢了西瓜。仅仅关注九种具体的性格类型，而忽略了导致它们存在的大背景，这是不对的。因为完整的“九型人格”与大部分的意识模式都不同，它强调的是，人的性格与人的潜能之间那些我们忽略、以为是自然反应的习性，其实正是引领我们进入更高层次自我的通道，它能够让我们抛开固有性格，让深层的意识得到展现，让我们正确地做事，做正确的事。

## 充满神秘力量的九星图

“九型人格”的英文 enneagram，来自于两个希腊词汇 ennea 和 grammos。Ennea 是数字 9 的意思，grammos 则是尖角的意思，两个词结合在一起组合的 enneagram 就是指九个尖角的意思，而“九型人格”的图表正好是一颗九角星，这个九角星的模式，能够揭示物质世界中任何事物的发展过程，苏菲教用这种九角星模式来研究宇宙的变化过程和人的自我意识发展。

那么，如何解读这神秘的九星图呢？人们可以采用“三元法”和“七元法”这两个基本法则，因为九型人格中那颗神秘的九角星恰恰揭示了这两个基本法则的相互关系。“三元法”象征着任何事件在起始阶段所具有的三股力量。“七元法”也叫“八音律”（octaves），它象征着世上万物发展所必须经历的不同阶段。这两种法则，在“九型人格”的结构图中被融合到了一起。

图 1 是一个九角星形状的九柱图，其结构看似复杂实则非常简单：在一个圆的圆周上有 9 个等分点，分别标以数字 1 ～ 9，数字 9 位于圆的最上部正中央，意在体现对称。3、6、9 三个数字的位置正好构成了一个等边三角形，这个等边三角形就代表着“三元法”，它表明：事物的发生是三股力量的必然作用，而不是表面上的两种

力量——原因和影响。从数学的角度看，九角星图中由 3—6—9 三个尖角所构成的中心三角形可以被视为最初状态下三股力量的三位一体，其原始总量是 1。用算数的方法把这个 1，也就是力量统一体，分成相等的 3 份，得到一个无限循环数，即 1÷3 ＝ 0.333333……

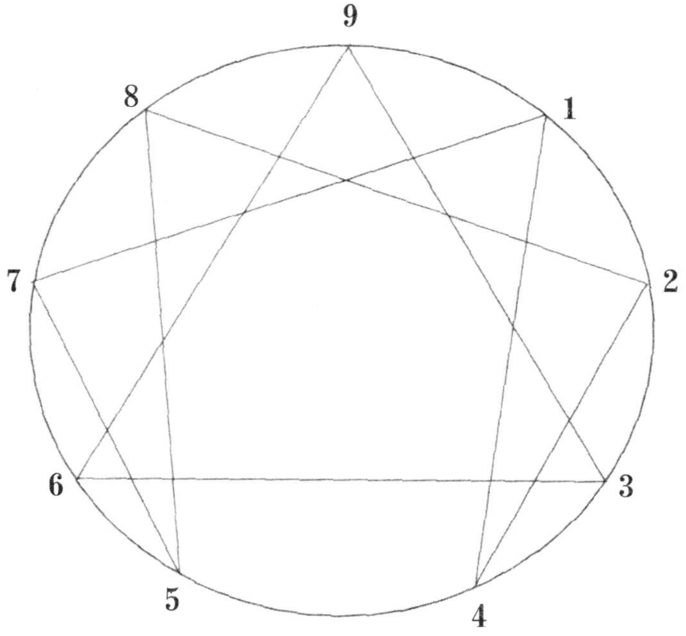


**图 1 九柱图**

天主教中有关圣父、圣子、圣灵的三位一体也是类似的理念。而在苏菲教的发源地印度的印度教中，明确表明了人世间的三股力量就是印度教的三大主神：创造之神梵天（Brahma）、保护之神毗瑟挚（Vishnu）、生殖与毁灭之神湿婆（Si-va）。这三股力量还可以被称为创造力、破坏力和保护力，或者称作主动力、容纳力和协调力。葛吉夫在他的学说中，简单地把它们称为 1 号力、2 号力、3 号力，根据他的观察，第三股力量是隐性的，是无法被人类感知的。

而且，这三股力量的外在象征会随着事物发展的变化而变化，比如，在事物的最初阶段出现的协调力，随着时间的推移，将在事物发展的下一个阶段逐渐转变成主动力。因此，人们需要准确了解事物每个发展阶段中这三股力量的具体象征及相互作用，才能保证事物良好地发展下去。通过九星图，人们就能发现事物发展过程中某些隐性的方面，比如在什么时刻，事物需要注入一股新力量来维系生命力，能够很好地协调这三股力量，维持整体的平衡。

在事物的发展过程中，另一个法则“七元法”也开始发挥作用。“七元法”是从音乐中的八度音阶发展来的，故也称为“八音律”。熟悉音乐的人都知道，音乐中的基本音阶有7个，从Do开始循环，Do，Re，Mi，Fa，So，La，Ti（或Si），Do，这个八度音阶所形成的“八音律”其实也代表了现实世界中事物发展的不同阶段。七元与统一的关系也可以用数学表示，用1除以7，得到一个无限循环的小数0.142857142857……其中每一位数都不是3的倍数。总之，整个“九型人格”图就是一个被分成9个部分的圆形，“三元法”和“七元法”被这个圆形融合在一起，并通过圆形内部的连接线条相互作用。

在九星图中，3、6、9构成了一个等边三角形，昭示着三位一体的理念，而其他的6个点则两两相连，构成了一个不规则的六角形，这就形成了一个完整的九角星图。人们再根据早期对性格类型的分析，将九种不同的性格类型分别代入九柱图中的不同数字位置，就形成了一个九型人格图。

如图2所示，九型人格将人按照不同的气质类型分成了完美型、助人型、成就型、自我型、观察型、怀疑型、活跃型、领袖型和和平型九种人格基本类型，每个人都必然属于其中一型，且稳定不会更改。

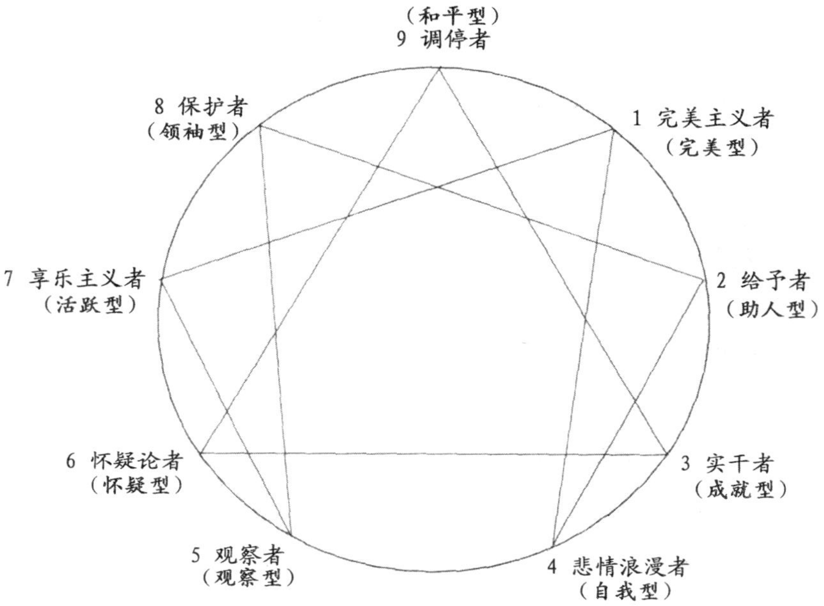


图 2 九型人格图

在九型人格图（图 2）中，我们把其中 3—6—9 号所代表的性格称为核心性格，而位于这三个核心角两侧的邻角，就被称为核心角的两翼，代表的是核心性格内化或外化的变异类型。换句话说，两翼角的性格是由核心角性格发展而来的，其中潜藏着核心角性格的特质，并具有潜在的共同特点，如 3 号性格的两翼——2 号和 4 号性格就与 3 号一样具有很强的想象力，6 号性格的两翼——5 号和 7 号性格则与 6 号一样多疑且充满恐惧心理。心理学家根据三种核心性格及其两翼的特征，又进一步将九型人格分成了 3 个三元组。

1. 情感三元组

遇事时的直接反应是源于情绪、感觉和感情：

核心性格——3 号成就型

内化——4 号自我型

外化——2 号助人型

2. 思维三元组

遇事时的直接反应是源于分析、了解和归纳：

核心性格——6 号怀疑型

内化——5 号观察型

外化——7 号活跃型

3. 本能三元组

遇事时的直接反应是用即时行动去解决问题：

核心性格——9 号和平型

内化——1 号完美型

外化——8 号领袖型

需要注意的是，在九柱图中，只有 3—6—9 号角的两翼是其内化或外化的表现，而其他角的两翼则不存在这样的关系，例如 8 号性格的两翼 7 号和 9 号性格，就不是 8 号内化和外化的表现。不过即便如此，任何角的两翼都是非常重要的，因为它们同样会对中心角的性格产生影响，例如 4 号性格既可能偏向 5 号性格，将所有的事闷在心里，也可能偏向 3 号，以积极亢奋的表现来掩盖内心深处的抑郁。

## 九型人格对应的3大智慧中心

葛吉夫和伊察诺在研究九型人格时都意识到：人的智慧存在着精神智慧、情感智慧和本能智慧三种形式，而这三种智慧分别对应于人身体的3个中心：

★产生精神智慧的是思维的中心——大脑；

★产生情感智慧的是感觉的中心——心脏；

★产生本能智慧的是身体的中心——腹部。

在此基础上，美国一位研究九型人格的著名学者凯伦·韦布因此在自己的著作《九型人格：重现古老的灵魂智慧》一书中将九型人格归为3类：脑中心、心中心、腹中心。

★脑中心，或者称为思考中心，以思考和理性为导向，产生精神智慧的是思维的中心，包括5号、6号和7号人格。

脑部中心是我们思考的所在，举凡分析、记忆、投射有关他人和事件的观念，以及计划未来的活动等。这个区域对应位置是“第三眼”，也就是西藏密宗冥想所运用的观想中心。

如果你是5、7、8号等以头脑为主的人格类型，你具有以思想来回应生活的倾向，你们在看待世界时往往会受到心理能力的影响。这些人格的人们往往有鲜明的想象力，以及分析和联结观念的绝佳能力，他们懂得运用心理能力来尽可能地减少焦虑，控制潜在的麻烦，以及通过分析、想象、预测和计划来获得一种确定的感觉。也就是说，在任何时候，这些类型的人们都能浸淫在自己的思考中而获得全然的满足。思考对这些类型的人而言（通常是无意识的）是处在这个具有潜在威胁的世界中，防范恐惧于未然的方式。

★心中心：或者称为情感中心，以感受和感性为导向，产生情感智慧的是感觉的中心，包括2号、3号和4号人格。

心的中心是我们产生情绪的地方，借由那些无言的感官经验，告诉我们有什么感觉，而非我们对事情的想法。心的情绪范围从最强烈、戏剧化到最细微、几近无声的感觉都有。我们从这个中心感觉到和他人的联系，以及一种追求爱和充实的渴望。这就是苏菲训练和许多基督教练习中所要打开的中心。

如果你是2、3、4号等以心为主的人格类型，在看待世界时往往会受到情商的影响，喜欢透过关系在世界运作，有时候被称为“形象类型”，因为他们在乎别人的眼光，以及它和自己的关联。具体来说，这些人格类型的人会使自己的情绪、感受与别人保持一致，从而维持自己与别人之间相互联系的感觉。不论别人有没有意识到，他们都能快速感受别人的需要或心情，并加以回应：一个成功的关系能驱逐这个中心特有的空虚感和渴望。因此可以说，这些类型的人比其他人格类型的人更加依赖别人的承认和看法，因为他们需要用它们来支撑自己的自尊和被爱的感觉，使自己得到持续不断的承认和关注。

★腹中心：或者称为腰中心，以行动为导向，产生本能智慧的是身体的中心，包括8号、9号和1号人格。

腹部中心（有时也称为身体中心）和思考、感觉对照起来，这个中心是我们本能的焦点，也就是存在感。透过这个中心，我们从肉体感受到与人群、环境的关系。这是我们在物质世界中行动所需的能量和力量来源。这个中心的所在位置，即中国和日本所称的丹田，也就是禅修的焦点。

8、9、1号等以腹部为主的人格类型，常常把焦点放在存在本身，具有以行动“存在”这个世界的倾向，在看待世界时往往会受到身体感觉和内在本能的影响。他们的本能就是行动，即使他们已经思考过整个细节，还是会基于根本的感觉，去谈论正在打基础的决定和行动。他们以“自我遗忘”闻名。因为他们可能觉察不到对自己而言真正的优先事项为何。他们通过行动在这世上补充能量，并缓和愤怒——对 1 号和 9 号的人而言，愤怒只有在少数时候才被直接表达出来。也就是说，这些人格类型的人们会运用自己的地位和力量去过自己想过的生活，而且他们的处世策略可以保证他们在这个世界中的位置，而且还可以将不适应感降到最低。

然而，生活中的许多人常常忽略了我们的本能智慧，也就是腹部中心的活动基本上是毫无察觉的，但我们可以从三个基本方面感受它的影响，这三个方面就是：身体生存（自我保护）、情爱关系和社会生活关系。

九型人格大师海伦·帕尔默曾以一个故事来描绘这三种基本属性的关系：一个放牛娃坐在一个三脚凳上挤牛奶。牛奶代表了收获的知识和生活的营养。三脚凳的一条腿坏了，于是放牛娃在挤牛奶的时候，他关注的并不是牛奶，而是凳子的那条坏腿。这个故事意在告诉人们：我们每个人都拥有三种最基本的关系领域，其中一种关系比其他两种更容易受到伤害。当我们的某一种关系受到损伤时，我们就会在精神上格外关注这个方面，以缓解由此引起的焦虑。

最后，需要注意的是，每个人都有大脑、心脏和腹部，因此人人都能拥有与之相应的三种智慧，并会在实际的生活中自觉或不自觉地应用到以上三个中心，但每个人格类型的人会偏好其中一种，作为他们感觉并回应事件的主要渠道。因此，不要狭隘地看待九型人格的三种智能中心，而将自己陷入了牢笼之中。

## 善于捕捉心理的变化

许多人在做完九型人格的测试题，确定下自己的九型人格类型后，就完全按照这类人格的特性来审视自己、提升自己。然后，他们往往会发现自己所属的这类人格属性的特征和提升方法并不完全适合自己，往往起不到良好的提升作用，反而为他们带来极大的困扰，甚至造成心灵上的某些创伤。这个时候，他们常常觉得自己被九型人格欺骗了。之所以会出现这样的情况，是因为人们不懂得九型人格的一个重要特点——九型不等于被定型，而且，由于九型人格口口相传的传统，需要传承者具备较高的领悟能力，而许多传承者可能不具备这么高的领悟力，就会在传承的过程中出现信息传送失真，从而致使人们误读九型人格。

因此，人们在观察自我时，九型人格大师往往不建议人们急着决定自己的型号。他们通常会建议人们先收窄范围，因为九型人格中的许多型号之间存在许多相似的地方，具有较大的迷惑性，这时人们应该选择两个至三个最高可能性的型号，留意每一种型号解析段中的“后记”，以得到更深入的启示。同时，人们要训练自己的注意力，提升自我观察的能力。到了某一刻，你自然会有一种豁然开朗的感觉，因为你的型号从心底浮现了，你自然也会更相信九型人格心理学的正确性。从佛学的角度来说，就是要人们学会悟空，当你心中空空如也时，你就能清醒地认知自己的优势与劣势，自然也就能判定自己的九型人格类型了。

然而，即便你确定了你自己的人格类型，也不能将自己固定在某一个人格类型上，偏执地按照这种人格类型的优劣势来约束自己。

要知道，找到你的人格类型，只是跨出“自我成长”的第一步。也就是说，九型人格提供给人们一个向内探索自我的起点，一个认识真我的机会，但它并非绝对的真理。

严格来说，九型人格中的九种性格分类只是一个大概的框架，并不能完全解释深奥复杂的人类性格，因为每一种性格类型又加上左右翼与三变数的变化类型，就使得人们核心性格以外的性格有了无限变化的可能。也正是因为充满这样多的变化，才使得九型人格不仅可以广泛又精准地描述每一种性格类型的特点，同时又能在细微之处区别出不同的性格类型。

而且，当我们处于安全状态或长期受到压力时，我们的性格也会有所变化。九型人格中的性格成长走向与凋零走向可以检测我们目前的压力指数，这也正是九型人格比其他性格分析工具更实用的主要原因。

此外，九型人格大师唐·理查德·里索又将九型人格按照性格的健康度，将每一种性格类型分为三种发展状态（1～3健康状态、4～6一般状态、7～9不健康状态），九种发展层级，帮助人们更清楚地检视自己的或别人的性格状态正处于哪一个发展状态和发展层级，更好地引导我们的精神健康。

人类的性格是善变的，它会随着外在的环境和内在的心境而不断变化，如何抓住这无穷变化中的不变之处，这就需要人们活用九型人格的智能，以变制变，才能够预先洞悉自己及他人的心理变化，也就能够较为精确地捕捉住善变的人性，真正迈入那扇通向真我的大门。

# 第二章　九型人格与心理测试

在九种人格类型中，你是属于追求完美的1号，还是喜欢给予的2号，是实干派的3号，还是浪漫又悲伤的4号，是擅长观察的5号，还是习惯怀疑的6号，是享乐至上的7号，是领导作风的8号，还是爱好和平的9号？做完下面的几个九型人格与心理方面的测试题，你就能找到答案。

## 九型人格快速测试

美国九型人格学院创办人唐·理查德·里索的亲传弟子、中国台湾首位获得“九型人格学”国际认证讲师资格、美国九型人格学院中国台湾分校负责人胡挹芬在其著作《九型人格心灵密码学》一书中提出了一套九型人格快速测试题，希望帮助人们快速确定自己的人格类型，从而帮助自己更好地认知自己、理解他人。

下面，我们就来介绍这套独特而快速的九型人格测试方法。

**测试提问**

问自己一个问题：“当你遇到不愉快的事情时，你的反应通常会是怎样的？”

下面，我们将提供三个答案供你选择。

第一个答案：习惯性先不发作，会自我要求冷静并继续观察对方反应后再说；可能忍到有一天一次爆发。一旦对某人不满，你可能会变得比较冷淡，甚至与对方冷战。

第二个答案：习惯性认为“睡一觉问题都可以解决”。比较乐观随和，不喜欢争吵，也不认为人与人之间有什么过不去的事情。就算对某人不满，也会极力避免当场发飙的情况发生。

第三个答案：习惯性让情绪主导，坚持要把事情一次说清楚，而常常把情况弄得更僵。只有当情绪发泄后，你才会慢慢恢复理智。只要对某人不满，大家一定都能感受到你的“怒气”。

**第一个答案的解析**

当你选择了第一个答案后，你被归为九型人格中的1号完美主义者、3号实干者和5号观察者一组，而要最终确定你的人格类型，还需要看这三类人格的具体特征。

如果你不喜欢乱无章法，坚持用正确的方法做事，看到不对的事情总要去纠正，最怕自己做错事或道德品质上有瑕疵，那么你是1号完美主义者。

如果你不喜欢默默无闻，乐于努力工作以赚取相对的报酬，强调有效率与成功者的形象，最害怕输给别人，那么你是3号实干者。

如果你不喜欢依赖他人，热衷心智思考，善于观察并有收集特定事物的习惯，对自我空间特别在意，最害怕被临时打扰，那么你是5号观察者。

**第二个答案的解析**

当你选择了第二个答案后，你被归为九型人格中的2号给予者、7号享乐主义者和9号调停者一组，而要最终确定你的人格类型，还需要看这三类人格的具体特征。

如果你不喜欢冷清，善良、乐于助人，有时却热心过头，过度干涉别人的生活，喜欢和朋友聚会，最害怕被别人拒绝和排斥，那么你是2号给予者。

如果你不喜欢受限制，容易冲动行事，勇于尝试新鲜事物，认为多彩多姿的新活动是生活动力的来源，最害怕枯燥无聊的生活，那么你是 7 号享乐主义者。

如果你不喜欢冲突紧张，有时太过顺应他人而显得缺乏主见，向往与世无争的生活，最害怕自己被要求做改变，那么你是 9 号调停者。

**第三个答案的解析**

当你选择了第三个答案后，你被归为九型人格中的 4 号浪漫主义者、6 号怀疑论者和 8 号领导者一组，而要最终确定你的人格类型，还需要看这三类人格的具体特征。

如果你不喜欢没有个人特色，努力通过美的事物来表达自己，总是浪漫而情绪多变，期待一些不切实际的事情，最害怕被人抛弃，那么你是 4 号浪漫主义者。

如果你不喜欢太突出，凡事想很多，希望自己有充分的应变准备，容易过度悲观，心意摇摆不定，最害怕没有人可以让你依靠，那么你是 6 号怀疑论者。

如果你不喜欢软弱无能，自己很有主见与意志力，喜欢路见不平拔刀相助，有时却太过独断专横，过度想掌控局面，最害怕被他人管制，那么你是 8 号领导者。

## 九型人格权威测试

九型性格权威测试来自美国斯坦福大学的科学研究，如今这门科学已经在国际上开始流行，并被作为众多的世界 500 强企业领导用来安排员工岗位的一个重要参考。

下面我们开始九型人格的测试，借此来了解我们自身与周围的他或她。在做九型人格测试题之前，你需要注意以下几点：

（1）108道题要凭借第一感觉选择，不要过多权衡，因为每种性格的背后都有好有坏。这样忠实地记录，只是为了更好地了解你自己。

（2）在你认为符合你的陈述前面打“√”，注意遮住每个陈述后面的数字。

（3）然后把你所选择的每个陈述后面的数字归类，例如你选择中包括“1”、“12”、“15”这三项，而它们后面都是9，那么答案就是3个9。以此类推，你选的哪种数字最多，对照答案便能知道自己是九型人格中的哪一种。

（4）数字最多的只是你的主要性格，还要参照其他较多数字所对应的人格类型，并阅读全书会获得更详细、准确的信息。

**九型人格测试题**

□ 1　我很容易迷惑。9

□ 2　我不想成为一个喜欢批评别人的人，但很难做到。1

□ 3　我喜欢研究宇宙的道理、哲理。5

□ 4　我很注意自己是否年轻，因为那是找乐子的本钱。7

□ 5　我喜欢独立自主，一切都靠自己。8

□ 6　当我有困难时，我会试着不让人知道。2

□ 7　被人误解对我而言是一件十分痛苦的事。4

□ 8　施比受会给我更大的满足感。2

□ 9　我常常设想最糟的结果而使自己陷入苦恼中。6

□ 10　我常常试探或考验朋友、伴侣的忠诚。6

□ 11　我看不起那些不像我一样坚强的人，有时我会用种种方式羞辱他们。8

□ 12　身体上的舒适对我非常重要。9

□ 13 我能触碰生活中的悲伤和不幸。4

□ 14 别人不能完成他的分内事，会令我失望和愤怒。1

□ 15 我时常拖延问题，不去解决。9

□ 16 我喜欢戏剧性、多彩多姿的生活。7

□ 17 我认为自己的性格非常不完善。4

□ 18 我对感官的需求特别强烈，喜欢美食、服装、身体的触觉刺激，并纵情享乐。7

□ 19 当别人请教我一些问题，我会巨细无遗地给他分析得很清楚。5

□ 20 我习惯推销自己，从不觉得难为情。3

□ 21 有时我会放纵和做出僭越的事。7

□ 22 帮助不到别人会让我觉得痛苦。2

□ 23 我不喜欢人家问我关于宽泛、笼统的问题。5

□ 24 在某方面我有放纵的倾向（例如食物、药物等）。8

□ 25 我宁愿适应别人，包括我的伴侣，也不会反抗他们。9

□ 26 我最不喜欢的一件事就是虚伪。6

□ 27 我知错能改，但由于执著好强，周围的人还是感觉到压力。8

□ 28 我常觉得很多事情都很好玩，很有趣，人生真是快乐。7

□ 29 我有时很欣赏自己充满权威，有时却又优柔寡断，依赖别人。6

□ 30 我习惯付出多于接受。2

□ 31 面对威胁时，我一边变得焦虑，一边对抗迎面而来的危险。6

□ 32 我通常是等别人来接近我，而不是我去接近他们。5

□ 33 我喜欢当主角，希望得到大家的注意。3

□ 34 别人批评我，我也不会回应和辩解，因为我不想发生任何争执与冲突。9

□ 35 我有时期待别人的指导，有时却忽略别人的忠告径直去做我想做的事。6

□ 36 我经常忘记自己的需要。9

□ 37 在重大危机中，我通常能克服我对自己的质疑和内心的焦虑。6

□ 38 我是一个天生的推销员，说服别人对我来说是一件轻易的事。3

□ 39 我不会相信一个我一直都无法了解的人。9

□ 40 我喜欢依惯例行事，不大喜欢改变。8

□ 41 我很在乎家人，在家中表现得忠诚和包容。9

□ 42 我被动而优柔寡断。5

□ 43 我很有包容力，彬彬有礼，但跟人的感情互动不深。5

□ 44 我沉默寡言，好像不会关心别人似的。8

□ 45 当沉浸在工作或我擅长的领域时，别人会觉得我冷酷无情。6

□ 46 我常常保持警觉。6

□ 47 我不喜欢要对人尽义务的感觉。5

□ 48 如果不能完美地表现，我宁愿不说。5

□ 49 我的计划比我实际完成的还要多。7

□ 50 我野心勃勃，喜欢挑战和登上高峰的经验。8

□ 51 我倾向于独断专行并自己解决问题。5

□ 52 我很多时候感到被遗弃。4

□ 53 我常常表现得十分忧郁的样子，充满痛苦而且内向。4

□ 54 初见陌生人时，我会表现得很冷漠、高傲。4

□ 55 我的面部表情严肃而生硬。1

□ 56 我情绪飘忽不定，常常不知自己下一刻想要做什么。4

□ 57 我常对自己挑剔，期望不断改善自己的缺点，以成为一个完美的人。1

□ 58 我感受特别深刻，并怀疑那些总是很快乐的人。4

□ 59 我做事有效率，也会找捷径，模仿力特强。3

□ 60 我讲理、重实用。1

□ 61 我有很强的创造天分和想象力，喜欢将事情重新整合。4

□ 62 我不要求得到很多的注意力。9

□ 63 我喜欢每件事都井然有序，但别人会认为我过分执著。1

□ 64 我渴望拥有完美的心灵伴侣。4

□ 65 我常夸耀自己，对自己的能力十分有信心。3

□ 66 如果周遭的人行为太过分时，我准会让他难堪。8

□ 67 我外向、精力充沛，喜欢不断追求成就，这使我的自我感觉良好。3

□ 68 我是一位忠实的朋友和伙伴。6

□ 69 我知道如何让别人喜欢我。2

□ 70 我很少看到别人的功劳和好处。3

□ 71 我很容易知道别人的功劳和好处。2

□ 72 我嫉妒心强，喜欢跟别人比较。3

□ 73 我对别人做的事总是不放心，批评一番后，自己会动手再做。1

□ 74 别人会说我常戴着面具做人。3

□ 75 有时我会激怒对方，引来莫名其妙地吵架，其实是想试探对方爱不爱我。6

□ 76 我会极力保护我所爱的人。8

☐ 77 我常常刻意保持兴奋的情绪。3

☐ 78 我只喜欢与有趣的人为友，对一些闷蛋却懒得交往，即使他们看来很有深度。7

☐ 79 我常往外跑，四处帮助别人。2

☐ 80 有时我会讲求效率而牺牲完美和原则。3

☐ 81 我似乎不太懂得幽默，没有弹性。1

☐ 82 我待人热情而有耐性。2

☐ 83 在人群中我时常感到害羞和不安。5

☐ 84 我喜欢效率，讨厌拖泥带水。8

☐ 85 帮助别人达至快乐和成功是我重要的成就。2

☐ 86 付出时，别人若不欣然接纳，我便会有挫折感。2

☐ 87 我的肢体硬邦邦的，不习惯别人热情地付出。1

☐ 88 我对大部分的社交集会不太有兴趣，除非那是我熟识的和喜爱的人。5

☐ 89 很多时候我会有强烈的寂寞感。2

☐ 90 人们很乐意向我表白他们所遭遇的问题。2

☐ 91 我不但不会说甜言蜜语，而且别人也会觉得我唠叨不停。1

☐ 92 我常担心自由被剥夺，因此不爱作承诺。7

☐ 93 我喜欢告诉别人所做的事和所知的一切。3

☐ 94 我很容易认同别人我所做的事和所知的一切。9

☐ 95 我要求光明正大，为此不惜与人发生冲突。8

☐ 96 我很有正义感，有时会支持不利的一方。8

☐ 97 我因注重小节而效率不高。1

☐ 98 我容易感到沮丧和麻木更多于愤怒。9

☐ 99 我不喜欢那些侵略性或过度情绪化的人。5

☐ 100 我非常情绪化，一天的喜怒哀乐多变。4

□ 101 我不想别人知道我的感受与想法，除非我告诉他们。5

□ 102 我喜欢刺激和紧张的关系，而不是稳定和依赖的关系。1

□ 103 我很少用心去听别人的谈话，只喜欢说俏皮话和笑话。7

□ 104 我是循规蹈矩的人，秩序对我十分有意义。1

□ 105 我很难找到一种我真正感到被爱的关系。4

□ 106 假如我想要结束一段关系，我不是直接告诉对方就是激怒他让他离开我。1

□ 107 我温和平静，不自夸，不爱与人竞争。9

□ 108 我有时善良可爱，有时又粗野暴躁，很难捉摸。9

**测试结果**

记录下你所得的数字：

“1”共有（ ）个，对应 1 号完美型

“2”共有（ ）个，对应 2 号给予型

“3”共有（ ）个，对应 3 号实干型

“4”共有（ ）个，对应 4 号浪漫型

“5”共有（ ）个，对应 5 号观察型

“6”共有（ ）个，对应 6 号怀疑型

“7”共有（ ）个，对应 7 号享乐型

“8”共有（ ）个，对应 8 号领导型

“9”共有（ ）个，对应 9 号调停型

## 九型人格直觉测试

九型人格认为，人们的直觉来源于他们习惯关注的东西，因此，人们可以通过认知自己习惯关注的东西来判断自己的人格类型。

**测试提问**

问自己一个问题：“你习惯关注的东西是什么？”

下面，我们有 9 种答案供你选择：

1. 错误的事情

2. 他人是否需要帮助

3. 利益

4. 个性

5. 自己的空间

6. 每一件事的可靠性

7. 好玩的事物

8. 权力

9. 他人的选择

**答案 1 的解析**

如果你选择答案 1，那你是 1 号完美主义者。

1 号常常发现生活中充满了错误，他们时常能发现完美的可能，并且会迫不及待地去修改，他们渴望着一个没有错误的环境。但是当他们内心不再比较和评判时，他们就可能获得“感到正确”的直觉，在一个完全正确的解决方式面前，他们会显得异常放松，他们甚至会说：“这一切是多么完美呀！”

**答案 2 的解析**

如果你选择答案 2，那你是 2 号给予者。

2 号的直觉来源于他们对于他人需求的密切关注，因此他们往往能够理解他人最深层的感受，并及时给予认同，因此也就容易获得他人的好感。当然，只有 2 号性格者才能分辨出他们对于他人需求的这种敏锐感知到底是一种人的本能使然，还是后天环境迫使他们换位思考得来的感觉，又或者是他们凭空猜想而已，外人是难以了解其中的奥秘的。

**答案 3 的解析**

如果你选择答案 3，那么你是 3 号实干者。

3 号性格者的直觉来源于他们对于成功的密切关注，因此他们对于影响成功的因素具有敏锐的感知能力，习惯将身边的人、事分成两种：有价值的和无价值的，并努力去追求那些有价值的能带给他们成功的人、事，而忽略那些无价值的人、事。这种对环境的敏锐观察常常使 3 号受益许多，极大地给予他们安全感和成就感。尤其对于从事商业销售的 3 号来说，效果十分突出。

**答案 4 的解析**

如果你选择答案 4，那么你是 4 号浪漫主义者。

4 号的直觉来源于他们对于遥远对象的密切关注，并渴望与其建立情感联系，这种习惯往往能给 4 号带来一些令人吃惊的附带作用。也就是说，尽管 4 号与朋友相隔千里，他们也能真切体会到对方的感觉，就好像身处同一屋内。而且，他们还相信自己的情绪能够根据远方对象的感受而改变。

**答案 5 的解析**

如果你选择答案 5，那么你是 5 号观察者。

5 号性格者的直觉来源于他们对于距离感的密切关注。也就是说，当 5 号被冥想所吸引时，他们往往会选择分离性的练习，比如使用印度最古老的自我观察技巧——内观的方法，通过观察自身来净化身心。这种方法强调的都是通过把心腾空，释放思想和其他干扰，来培养内心的观察力。

**答案 6 的解析**

如果你选择答案 6，那么你是 6 号怀疑论者。

6 号性格者的直觉来源于他们对于安全感的密切关注。从小以来，6 号都致力于帮助自己摆脱情感上的恐惧。他们生存的一个重要策略就是发现那些潜在的威胁。6 号性格者总是对他人没有表达出来的意图特别敏感，他们说自己会因为他人不承认的感觉而害怕，并相信自己看到的一切都是真的。因此，具有自我意识的 6 号知道他们常常会把自己的敌意归罪于他人。

**答案 7 的解析**

如果你选择答案 7，那么你是 7 号享乐主义者。

7 号性格者的直觉特点是喜欢联想，他们总是把新的信息放到相互关联的多个背景中，他们发现一个新问题，常常不会从这个问题着手，而是首先把中心问题放在一边，从一个完全没有关系的事物或场景进入，进行思考和判断，慢慢引到正题上来。他们一般是在不断联想中，突然发现事物真正的奥妙。通过不同的场景、不同的角色、不同的事物来曲折表现自己的主题。他们是曲线寻找真理的大行家。

**答案 8 的解析**

如果你选择答案 8，那么你是 8 号领导者。

8 号性格者的直觉来源于习惯关注的东西，他们常常关注权力和控制，喜欢展示自己的力量和能力，他们似乎充满能量，他们总能感觉自己似乎比现有的更强大。他们常常依赖扩大的自我感，即使他们本身没有那么强大，但是他们却似乎总是身体放大一般，这种感觉影响他们的精神想象，也给他人带去类似的感受，他们天生具有一种征服周围世界的气场。

**答案 9 的解析**

如果你选择答案 9，那么你是 9 号调停者。

9 号的直觉类型常常来自于他的关注点，他们常常能够感觉到周围人的想法，周围环境的状况，因此，他们常常把自己的想法和他人的想法混合，以至于不能够区分出来自己的想法，他们的感觉被抽离，他们的注意力不在自己身上。

## 九型人格冲突测试

九型人格认为，冲突是人们生活中的一部分，不可避免。然而，不同的人会有不同的处理冲突的方式，这主要是由他们的人格类型决定的。也就是说，我们可以通过观察自己以及他人处理冲突的方式来判断自己及他人的人格类型。

**测试提问**

问自己两个问题：

“你在什么情况下会感到愤怒？”

“你感到愤怒时会有怎样的行为举动？”

我们有 9 种答案供你选择：

1. 引发怒火：被批评时、他人的中途退出、他人单方面改变计划、感觉被欺骗。

愤怒行为：简短的言论、针对别的事情进行谴责、用一些非语言表达来暗示怒火、什么也不说。

2. 引发怒火：自己做的事情被他人视为理所当然、不被欣赏、自己的讲话没被认真听取。

愤怒行为：长时间压抑自己的案首、决定说点什么的时候情绪激动、事先思考自己要讲的内容（自己的感受、自己为什么会有这种感受、对方有哪些地方做得不对）。

3. 引发怒火：被安排在一个可能失败的位置上、看起来不太专业、因为别人拙劣的表现而受到指责、不会因为所做的工作而获得赞扬。

愤怒行为：询问一些简单的问题、不愿意告诉别人自己的烦恼、随着时间的流逝，声音会变得尖锐、随着时间的过去，所说的话越发简略。

4. 引发怒火：被忽视或被怠慢、被要求做一些违背自己价值标准的事情、让人嫉妒的事件。

愤怒行为：讲话生硬、变得极其安静、多种强烈的感受交织在一起、过度分析形势以及支持自己的理解、长时间坚持自己的感受。

5. 引发怒火：破坏彼此信任关系的事情、感到震惊、他人不诚实的表现、不受控制的局势、工作任务过重。

愤怒行为：讲话很少、退避但可能并不表现出来、把情绪都藏在心里、怒气积压太多或暴发时会表现出自己的愤怒。

6. 引发怒火：压力、缺乏真诚、缺少关心、滥用权力。

愤怒行为：可能会退避、进行透彻的分析、反应强烈、内心不断地进行猜测。

7. 引发怒火：沉闷乏味又太过平常的任务、别人的不理会或者不严肃对待、不公平的批评。

愤怒行为：通过想象一些美好的事情来逃避痛苦、对自己的行为自圆其说、批评或者谴责他人。

8. 引发怒火：不讲道义、不直接处理问题、人们不为自己的行为负责、没有防备、缺乏事实。

愤怒行为：澎湃的怒火驱使着他们采取行动、快速地分拣和整理相关信息和感受、尽量避免脆弱或失控的情绪、可能会全面退避、不理会那些自己不尊敬的人。

9. 引发怒火：平静和谐的生活被打断、被人指点该怎么做、被忽视、别人态度粗鲁、公然的对抗、被人欺骗、被质疑、不被支持。

愤怒行为：什么也不说、紧张的面容会泄露他们愤怒的情绪、可能自己都没有意识到心中的愤怒、将怒气发泄到不相关的人身上、愤怒会在心中保留很长时间。

**答案 1 的解析**

如果你选择答案 1，那你是 1 号完美主义者。

面对愤怒的 1 号时，人们应该这样应对：采取解决问题的态度、给 1 号时间好好梳理自己的情绪、对谈话进行一定的规划、首先让 1 号说出自己的想法、不要使用评判式的语言。

**答案 2 的解析**

如果你选择答案 2，那你是 2 号给予者。

2 号要想掌控自己的愤怒，面对愤怒的 2 号时，人们应该这样应对：让 2 号尽情地诉说、询问一些澄清的问题、和 2 号分享自己的观点、注意要确认他们的观点、讨论感受和想法。

**答案 3 的解析**

如果你选择答案 3，那么你是 3 号实干者。

面对愤怒的 3 号时，人们应该这样应对：友善清楚地表达、确定不要有过多的工作压力、预期不要带有强烈的情绪色彩、使用理性且能解决问题的方法。

**答案 4 的解析**

如果你选择答案 4，那么你是 4 号浪漫主义者。

面对愤怒的 4 号时，人们应该这样应对：坦诚地邀请对方表达自己的感受、认真聆听直到 4 号说完为止、复述 4 号的感受和想法、不要暗示说觉得 4 号过于敏感、不要表现出智者或批评的态度。

**答案 5 的解析**

如果你选择答案 5，那么你是 5 号观察者。

面对愤怒的 5 号时，人们应该这样应对：事前告诉 5 号你想和他进行交流、让 5 号自己选择交流的时间和地点、为第一次交谈设定清晰其双方认可的期限、首先让 5 号讲述自己的感受和想法、给

5 号留出充裕的物理空间、面对问题保持理性的态度、避免过于强烈的情感表现给 5 号造成压迫感。

**答案 6 的解析**

如果你选择答案 6，那么你是 6 号怀疑论者。

面对愤怒的 6 号时，人们应该这样应对：在 6 号退避的时候给他们空间、让 6 号充分表达自己的感受、认可他们的看法、保持热心而真诚的态度、重建彼此的信任。

**答案 7 的解析**

如果你选择答案 7，那么你是 7 号享乐主义者。

面对愤怒的 7 号时，人们应该这样应对：首次交流的提议不要打扰到 7 号、询问一些非评判性的且能自由回答的问题、让 7 号充分表达自己的感受、引导 7 号讲出自己的推理过程、和 7 号分享自己对他们感受的理解、认可 7 号的感受、真诚直率但不要采取批评的态度。

**答案 8 的解析**

如果你选择答案 8，那么你是 8 号领导者。

面对愤怒的 8 号时，人们应该这样应对：直率、诚实、倾听 8 号强烈的内心感受、不要表现出软弱或不确定、不要使用那些可能会让 8 号误认为是批评的语言。

**答案 9 的解析**

如果你选择答案 9，那么你是 9 号调停者。

面对愤怒的 9 号时，人们应该这样应对：亲切简单地询问他们为什么生气、询问时要采取含蓄而轻松的方式、全面认真地聆听、肯定 9 号直接表达愤怒的行为、在认可 9 号感受的基础上和他们分享其他的观点。

此外，无论你属于哪一种九型人格，你在掌控自己的愤怒时，都需要做到以下几点：

在工作关系确立的最开始告诉对方哪些行为可能会触怒自己。

在意识到自己被触怒时立刻告诉对方。

在自己的行为已经开始显露心中的愤怒情绪时，适当进行一些体育锻炼，比如做体操、散步、瑜伽，等等。

反省自我的优缺点，联系自己的人格属性来分析，寻找处理情绪而塑造最佳自我的方法。

## 九型人格身体语言测试

九型人格认为，不同人格属性的人会有不同的身体语言，因此，人们可以通过观察自己及他人的身体语言来判断自己的人格类型和心理状态。

观察一下，你经常使用下列哪种身体语言：

**第一类身体语言**

注重自己的仪态，高雅而严肃，男人是绅士，女人是淑女或贵妇人；着装整洁得体，男性干净利落，女性端庄严整；目光专注而坚定，一般先注视对方眼睛，然后打量全身，再回到眼睛上，他们给人一种似乎总是在挑毛病的凌厉感觉；面部表情变化也比较少，时常严肃，笑容不多；生气时会脸色阴沉，沉默不语；姿势硬挺，行走坐卧中规中矩，体态端正从不东倒西歪，而且可以长久保持同一姿势不变。

**第二类身体语言**

喜欢穿深色服装，款式简单大方；脸上总是洋溢着亲切的笑容；眼神中总是流露出一股充满关爱的灵光，而且身体会下意识地向前倾；在与人相处的过程中，身体总是有意无意靠近对方，但不会让人觉得压迫或不舒服；劝慰别人时，喜欢采取轻拍对方的肩膀、握住对方的双手、给一个爱的拥抱等身体接触的方式；很难安静下来，时刻都在观察他人的需求，并立即采取行动去满足；面部表情丰富，习惯直接表达喜怒哀乐；喜欢用暗示性语言表达自己的情感。

**第三类身体语言**

多保持适中的身材，符合当下审美对身材的要求——站如松，坐如钟，但肢体语言非常丰富，大多数情况下很难安静坐好；注重自己的着装，男性洒脱、女性干练；与人交流时，眼神专注且充满自信；谈话时常常搭配相应的肢体动作，尤其喜欢将手势与眼神相结合；在向他人表示友好时，总是摊开双手给人一种开放态度的亲切感。

**第四类身体语言**

身材适中或偏瘦；站立、坐卧均以舒服为原则，会有不合礼仪的举动；注重自己的服装打扮，喜欢具有独特气质、显现高雅的服装；说话时眼神会随着情绪变化，时而忧郁，时而极强，时而悲伤……尽量保持优雅迷人的形象：头微抬、眼迷人……习惯安静地坐在那里，倾听或冥想；在陌生人面前往往表现得很冷漠、神秘又高傲的样子；总是一脸不快乐、忧郁的样子，充满痛苦有内向害羞；受到强烈情感刺激时，可能做出夸张的举动，也可能暗自啜泣。

**第五类身体语言**

身材瘦弱、姿势僵硬；着装非常简朴，款式常常是“过时”“老土”的；衣服可能好几天都不换，头发也可能好几天都不洗；喜欢安静地坐在一个角落里，不希望引起注意；追求简洁，当他们行走时，习惯径直接近目标；时常眼神空洞、迷离，很少带有情绪；在与人交流时，他们大多面无表情、安静地倾听着，偶尔会微微点头；感到无聊时，喜欢沉思、皱眉、挠头、在纸上画东西等。

**第六类身体语言**

身材适中、体格强健；着装以便于打理为原则，朴实无华，但并不老土过时，深色居多、款式简洁；会有肌肉绷紧、双肩向前弯的表现；有着慌张、避免眼神接触的面部表情，有时候会瞪起眼睛盯着别人；感到紧张时，会出现吞咽口水的不雅动作；眼神总是焦虑的、不安的，颧骨部位的肌肉总是紧张的，即便在笑的时候也是如此；眼神不断左右移动，时刻环顾着环境中的细微变化；行走、站立以及坐卧都会表现得局促不安，更不喜欢与人靠得太近。

**第七类身体语言**

身体语言充满活力，常因关注环境中一切有趣、好玩的事情而走神；不喜欢长时间坐卧站立，难以安安静静待在一个地方；走起路来给人风风火火的感觉，似乎总是在蹦蹦跳跳；眼神和面部表情非常丰富，从不掩饰自己的喜怒哀乐，常常笑容满面；身体动作常常很丰富，他们的手势不断而且夸张；有时候会面露不屑的表情，也会经常使用瞪着眼睛去盯人的表情。

**第八类身体语言**

站立或坐卧时习惯向后微倾，不动之中自有威严；走路时习惯抬头挺胸，双臂摇摆很大；情绪稳定时喜欢安安稳稳地坐在那里，双手抱在胸前；情绪高涨的时候他们会手舞足蹈，采用各种夸张动作；目光中透露着霸气，看人专注，习惯直视对方眼睛；面部表情显得自信，微笑中带有威严和霸气，但不严肃；喜欢高档服饰，注重服装搭配，款式多变。

**第九类身体语言**

保持面容的和善、淡淡的微笑，很少大喜大怒，即使生气也只是面容稍微阴沉，动作迟缓，身体柔软无力，给人东倒西歪的感觉，慢走多于快跑、站多于走、坐或躺多于站，喜欢穿宽松舒适的衣服、装束简单且随众。

**答案解析**

如果你的身体语言属于第一类，那么你是 1 号完美主义者。

如果你的身体语言属于第二类，那么你是 2 号给予者。

如果你的身体语言属于第三类，那么你是 3 号实干者。

如果你的身体语言属于第四类，那么你是 4 号浪漫主义者。

如果你的身体语言属于第五类，那么你是 5 号观察者。

如果你的身体语言属于第六类，那么你是 6 号怀疑论者。

如果你的身体语言属于第七类，那么你是 7 号享乐主义者。

如果你的身体语言属于第八类，那么你是 8 号领导者。

如果你的身体语言属于第九类，那么你是 9 号调停者。

## 九型人格谈话方式测试

九型人格认为，不同人格属性的人们会表现出不同的谈话方式，因此人们可以根据自己及他人的谈话方式来判断自己及他人的人格类型和心理状态。

观察一下，你经常使用下列哪种谈话方式：

**第一类谈话方式**

谈话常常是直来直去，不讲情面，不拐弯，一针见血，直接谈及问题核心；谈话时不幽默、不做作，不喜欢噱头；话语简洁而有力，言语当中，通常也是指令清晰、干脆利落，没有拖泥带水、模棱两可的词句；喜欢面对面的直接沟通；谈话主题常常为做人做事，而且常用“对 / 错、应该 / 不应该、好 / 不好、必须 / 否则、一定要 / 不可以、肯定是 / 不可能、按照规矩 / 制度 / 规定 / 标准 / 规范 / 流程 / 原则”等词汇来表明做人做事的原则标准是什么。

**第二类谈话方式**

时刻呵护他人，常常说："你坐着，让我来；不要紧，没问题；好，可以；你觉得呢？"不断向他人索取赞美或认同，经常会问孩子："爸爸/妈妈好不好？"也会问爱人："你爱我吗？"喜欢对他人的观点表示赞同，常常说："你说得对啊。""就是啊。"否认自己有不好的情绪，对别人的关怀常常回答："没有，怎么会呢？"感到自己被背叛时，性格就会变得暴躁起来，态度也变得强硬，会用命令的口气对他人说话："你，去给我倒杯水。""快去把这份文件打印 10 份。"

**第三类谈话方式**

说话常常语速较快；说话时喜欢用简单的字词、句子，常说的字词有：目的、目标、成果、价值、意义、抓紧、浪费时间、做事情、行动、赞扬、认同、能力、水平、第一、最好、竞争、面子、形象等；声音洪亮，喜欢使用抑扬顿挫的语调说话；说话时非常有逻辑、有效率，同时只关注重点；不喜欢谈论哲学话题，不喜欢和他人进行长时间的谈话；避免显示自己消极一面的话题或一些自己所知甚少的话题；认为对方没有能力或不自信时会变得不耐烦；说话时喜欢配合相应的身体语言，讲到高兴处，常常眉飞色舞、手舞足蹈。

**第四类谈话方式**

语调柔和，讲起话来抑扬顿挫；喜欢用柔美、哀戚的词汇；语气总是透露出一股忧郁的气息；话题往往围绕自己展开，总在描述自己的感觉，尤其是那些悲伤、痛苦的感觉；最常用的词汇是：我、我的、我觉得、没感觉……说话时较少配合其他身体动作，但是有着丰富而快速的眼神变化；喜欢用形容词来表达自己的情绪，比如："今天的天真蓝啊！""水真绿啊！"

**第五类谈话方式**

很少说话；与人交流的语气是非常平板和没有情感色彩的，非常有条理；常说的词汇是：我想、我认为、我的分析是、我的意见是、我的立场是；在与人交谈时，总是言简意赅，直奔主题；在谈到学术性话题或自己感兴趣的方面时会变得滔滔不绝，但当兴趣消失时又会变得沉默寡言；遇到自己不喜欢的话题，或者无聊的话题时，会沉默寡言，也会敷衍性地说几句。

**第六类谈话方式**

讲话的时候声带颤抖、久久不切入正题；经常使用“慢着、等等、让我想一想、不知道、或者可以的、怎么办、但是……”；语气语调比较低沉，节奏比较慢，谈问题时兜兜绕绕，很少切入正题，常从旁敲侧击的角度，去探测对方值不值得信任；话比较多，特别是当他们想问一个问题和验证一件事情的时候，他们会不断地说过来说过去，话中充满着矛盾；话语中理性、逻辑的成分非常多，甚至是情感、情绪也是以逻辑的形式表达；语中就很多转折词，比如，“这样很好……不过……”“虽然……可是”“……万一”……

**第七类谈话方式**

语速很快，声音洪亮，富有活力和激情；谈话充满幽默元素，语调欢快，亲切有趣，善于调动气氛；态度搞笑，语气和神态都透露着搞笑的劲头；说话容易偏离主题，讲一件事情的时候，突然又转而讲述了另一件事，或者特别讲述这件事中一个特别的细节；常常喜欢自己一个人说，且很难有耐性去听别人讲述一件事情，他们甚至经常打断对方，努力把话题导引到自己的领域；说话往往喜欢直来直去、一针见血，常常会说出一些让别人可能难堪的话，显得刻薄；经常用的词有：快乐、开心就好、无所谓、没事的、这事还没完、快点等。

**第八类谈话方式**

没有耐心倾听别人的观点；喜欢直截了当的沟通，讨厌说话拐弯抹角和兜圈子；言语激进偏执，具有攻击性和煽动性；说话很有自信，显得强悍和霸道，常常说“你为什么不”，“我告诉你”，“跟我去”等话语；愤怒时会对人大声吼叫，并伴随夸张激烈的身体语言，直到对局面完全控制为止。

**第九类谈话方式**

习惯肯定对方的观点，常常会“嗯，嗯，嗯”地不断附和你，表示自己的赞同，他们也会对你说的话不断给出正面评价，“你说的话太对了”“是这样的”，或者不断重复你的观点；谈话时节奏慢腾腾的，语气常常不坚定，常常在询问，很少下肯定的判断；有时候说话不清晰，谈的东西天马行空，好像没有中心思想，有点啰唆。

**答案解析**

如果你的谈话方式属于第一类，那么你是 1 号完美主义者。

如果你的谈话方式属于第二类，那么你是 2 号给予者。

如果你的谈话方式属于第三类，那么你是 3 号实干者。

如果你的谈话方式属于第四类，那么你是 4 号浪漫主义者。

如果你的谈话方式属于第五类，那么你是 5 号观察者。

如果你的谈话方式属于第六类，那么你是 6 号怀疑论者。

如果你的谈话方式属于第七类，那么你是 7 号享乐主义者。

如果你的谈话方式属于第八类，那么你是 8 号领导者。

如果你的谈话方式属于第九类，那么你是 9 号调停者。

# 第一篇
## 解密1号人格，发挥完美优势

1号性格是九型人格中的完美主义者，他们眼中的世界总是有太多的不完美，心目中的自己也有很多缺点，他们希望能够去改善这一切。他们对完美的追求甚至达到了苛刻的地步，哪怕已经取得了99%的成绩，他们能看到的也只是那1%的不足，说他们是鸡蛋里挑骨头一点也不为过，他们的人生信条是：“没有最好，只有更好！”。

# 1号人格的生活：品味人生，优雅过活

## 先化解1号的情绪，然后再沟通

1号为了追求完美，总是对自己及伴侣十分严格，要求自己及伴侣不论做什么事都要尽善尽美，决不能马马虎虎、敷衍了事，哪怕是本无大碍的小小失误也会受到1号的责难。这使得1号常常给自己的伴侣一种苛刻、吹毛求疵的恶劣印象，为彼此的关系罩上了阴影。

在严格的1号看来，承诺是首先需要被坚决执行的标准，他们十分重视承诺，因为他们受崇尚高尚品德的人格驱使，所以他们一旦许下承诺便会坚决执行，同时他们会将这份承诺迅速转化为要求自己的原则和标准，并力求完美地兑现。同样，他们的这套标准也适用于他们的伴侣。也就是说，1号的伴侣和1号人格约好的事情一定要及时完成，约会也不能迟到，否则都会被他看作是犯错误，这时1号人格教导主任的感觉马上就会表现出来。因此，作为1号的伴侣，需要牢记1号的原则和标准，并要经常提醒自己不要忘记1号人格伴侣喜欢什么、讨厌什么（关注他“应该”与“不应该”的标准），这样才能避免自己引发1号的怒火，招致1号的挑剔和批评。

但1号的挑剔和批评也可以被轻而易举地化解，只要1号的伴侣能够承认错误，并愿意承担责任和改善自己，1号也会不计前嫌，拿出百分百的耐心来引导你回到正确的道路上来。因为1号人格对伴侣的严格、苛刻都是出于好意，并不是故意刁难伴侣。需要注意的是，如果伴侣是初次犯错，1号通常都会选择原谅；但如果错误是出自伴侣的陋习或不专心、不认真的话，要想获得1号的原谅就没有那么简单了。

此外，在向1号主动承认自己的错误时，不要解释，因为1号人格不喜欢狡辩。你说得越多越是陷入讲道理的恶性循环，不如关注两个人都想要的结果——如何改善当前错误的局面。如果伴侣不小心为自己的错误辩解了几句，就可能导致双方陷入言语上的纠葛，这时最好用幽默的言语方式打破僵局，并让1号的精神松懈下来，以避免与其发生进一步的冲突。如果冲突发生，1号的伴侣要留意他们的眼神和脸色，如果感受到他们的眼神中有怒火，脸色阴沉，身体摆出一副防御的架势时，那么就不要与他继续沟通，待其情绪平稳后再去针对问题进行沟通，才能避免对彼此的感情造成不可挽救的恶劣影响。

**加一些新意，让爱情保鲜**

爱情是人间最美好的一种感情，但是很多人却不知道为自己的爱情保鲜，使得自己的爱情之花枯萎。

为爱情不断注入新鲜的创意和乐趣是必需的，1号性格者尤其应该注意。因为他们的生活态度常常过于严谨，在爱情生活当中常常也有点放不开，给人以循规蹈矩的感觉，他们的感情有时候有点公事公办的感觉，会逐步走向程式化，少了惊喜，也丧失了乐趣。

很多人以为1号不容许自己犯错、强迫自己按照固有标准行动，是为了得到父母或其他人的爱和肯定，其实不然。假如你问任何一个1号：你为什么要循规蹈矩地遵从那些固有的标准？他们往往会回答不知道，因为 1 号的本能就是遵从自己的标准，他们不会质疑循规蹈矩是否恰当，只是从小已习惯以此模式生活。正如某位 1 号自己所说：“我不知道为何要遵守这些标准，这似乎是我自出娘胎就有的本能反应，即便有一天身边所认识的人均离世，我依然会按照自己的标准来生活。”由此可知，1 号循规蹈矩不是为了他人，纯粹是自己在要求自己。

作为 1 号的伴侣，比 1 号更需要学习如何在爱情中加入一些新意，也给自己的爱情加入一些乐趣，以便帮助 1 号伴侣突破自己的常规心理，也能享受为爱情保鲜的乐趣。

1 号的伴侣可以试着改变一下自己的形象，这常常能让自己的爱人大吃一惊，觉得你似乎变成了一个新的对象，也会觉得一切都是那么新鲜。

你偶尔可以允许自己穿一身皱巴巴的衣服，和你的爱人一起锻炼，你也可以换上一身性感的内衣，这样真的会让你的爱人心跳不止。

你也可以和自己的爱人隔一段时间做一些平时不会做的事情，比如带你的爱人去参观你健身的地点，两个人一起报名参加一个瑜伽课，甚至有时候你们可以一起共用一些东西，这些都会让你们的生活多一些乐趣。

有时候你们还可以像刚开始交往的时候那样约会，你们两个人可以到一个陌生的地方旅游，这样的一些小的变化都能给你们带去很多乐趣，在享受着乐趣的同时，你们之间的情谊也会加深。

总之，要引导 1 号突破他们循规蹈矩的思维，你需要展现你的活泼、调皮，时刻在你们的爱情中制造新意，这样终究会使得 1 号也变得浪漫起来。

## 赞美，会让1号全力以赴

1号性格者非常注重家庭责任，即伴侣之间各自应尽的责任，甚至有些分工明确，对自己所承担的家中事务一定会尽心做好。一般来说，男性的1号更加关注家庭经济方面，并会尽全力来不断改善家庭的经济状况，以便让妻子、孩子衣食无忧；而女性的1号则更关注操持家务方面，会全力以赴把家庭里里外外的一切事物都安排得井井有条、妥妥当当，丈夫、孩子的任何物品的摆放都能了然于胸，甚至连他们的行程都会妥善安排。

这种强烈的家庭责任感有利于家庭的稳定，但它也会带来一些困扰：1号因为过分关注婚姻双方应尽的责任，并以履行责任的量化分析来表达爱意，这使得他们有时候很容易将责任与爱的感觉混淆起来，再加上1号人格很少用甜言蜜语来与伴侣沟通，因此给对方一种没有情趣，以及爱似乎都是应尽的责任的例行公事感，常常引发伴侣的不满，甚至因此激发彼此间的冲突。

结婚前，李好认为她的男友是一个有责任心、懂得体贴人的好男人：过马路总是让她走里面的那一侧，出去吃饭总是点她爱吃的菜，花心思为她准备特别的生日礼物，每年都带给她一个新颖独特的浪漫情人节……也正是由于这些，李好才嫁给了男友。然而，当男友成为了丈夫，她却渐渐高兴不起来了。尽管丈夫依旧做着以前做过的那些事，但李好却发现丈夫严格地遵守着“男主外、女主内”的原则，他只管在外挣钱，也能够在节日为李好准备礼物，但他绝对不参与家务，更不负责家庭与亲戚朋友间的往来事务，因为在他看来，这是李好的责任，而不是他的。对丈夫的这种行为，李好既觉得不解又感到委屈，她和丈夫为此吵闹过多次，但丈夫依然我行我素。

故事中李好的丈夫就是一个典型的1号性格者，他们往往将家庭责任明确化分工：你负责这个，我负责那个，我们各自完成各自的责任，互不干涉。然而，在工作中分工明确往往能达到高效率的结果，在爱情中分工明确却只能加深彼此的隔阂感。

作为1号的伴侣，不仅需经常夸赞1号为了家庭所付出的勤奋和辛苦，让他有一种被关注、被理解的感觉，这样可以满足他对“伴侣应尽的责任”的要求，更要懂得引导他们表达内心的感受与情感的需要，让他感受到除了家庭责任之外，爱的感觉才是两个人彼此吸引、相守一生的关键。

## 对1号的抱怨，你只需要倾听即可

1号性格者因为常常在“应该做的事”和“自己想做的事”之间徘徊，而且常常忙于做那些“应该做的事”而放弃了“自己想做的事”，使得自己内心的需求得不到满足，因而对生活有诸多不满和抱怨。比如，一个女性的1号结婚后可能因为要料理繁重的家务，或照顾生病的家人，或照料年幼的儿女，被迫离开自己喜爱的工作岗位，生活、工作不能两相兼顾让她感到十分挫败，她会认为这完全违背了她追求完美的原则，可想而知她的生活会有多少的抱怨和不满。

然而，1号的抱怨并不是要向伴侣寻求解决办法，他只是在发泄自己内心的怒火，一旦发泄完，他们就会像没事人一样继续做自己该做的事，继续追寻所谓的完美。

林伟觉得妻子自从做起全职太太后就成为了一个喜欢抱怨的人，刚开始，他对妻子的抱怨常常一个耳朵进，一个耳朵出。但某一天，林伟突发奇想，想要认真地听听妻子在抱怨些什么，那次林伟发现妻子对事物的关注度和细腻的感知让她掌握着家庭的话语权。她越抱怨，思维越敏捷，观点越明透精到。而且，妻子也不在意林伟听不听，是否有回应。似乎在她看来，林伟不走开，就是尊重；插上几句话，对于她就是鼓舞；如果感兴趣地参与，她的眼睛就会亮起来。

林伟的妻子具有典型的1号性格者的特征——抱怨但不寻求建议。因此，作为1号的伴侣，当1号人格向你主动表达情绪或困扰以及生活、工作中的一些经历时，要多多聆听，并以专注和肯定的眼神注视他。你要切记聆听是最重要的，不要给他过多的建议和分析，因为1号人格的表达只是向你诉说，他需要的只是你的倾听而已，你的建议反而会让他觉得心烦意乱。原因在于他早已经把所有的可能性都分析完了，也就是说他一定是在有十足的把握之后才会向你表达，所以你的任何一个意见都相当于在反对他的观点。

如果你非要用语言来安慰1号伴侣，你可以在认真聆听他的诉说后回应他一句“无论你做出什么决定我都相信你是对的，并会绝对支持你！”就足够了，而这也是1号人格在主动表达情绪或经历时想从伴侣方面得到的支持。因为1号人格认为倾诉本身就是一件不对的事情，如果你再给出建议就相当于在其自责的心理状态中再增添一份责备，结果只能让他更加痛苦。因此聆听之后的简单鼓励，就可以让他在倾诉结束之后干劲儿十足，重新找回生活的动力。

## 井井有条，舒适生活

1 号理想的爱情是与爱人步伐一致，共同进步。也就是说，1 号不仅要求自己追求完美，他们对未来的伴侣也有同样的完美要求。他们希望找到一位和自己拥有相同志趣和价值取向，并能够一起为这个目标奋斗的人物成为自己的终身伴侣。由于 1 号本身认真严谨的个性，他们不会随便放过发生在自己和伴侣身上的小小瑕疵，而总是竭力要把污点尽快清理妥当。在他们看来，使生活处于一种井井有条的状态，就能有效避免瑕疵。因此，1 号做事总是极为讲究条理，有秩序，他们事事要求干净、清爽、井井有条。在他们眼中，任何无条理或无秩序的事都是不可原谅的。

试想，如果你看到这样一个房间：茶几上杂乱地放着一堆杂志书籍，沙发上堆满了衣物，地上到处是空的矿泉水瓶子，地板已经很久没拖了，黑乎乎的，床上的被褥乱七八糟地卷成一团，衣柜敞开着，里面散乱地塞满了衣服……看到这样的景象，相信很少有人会对这房间的主人产生美好的印象。如果是自己伴侣的房间，即便对方是个超级大美女或超级大帅哥，许多人也会吓得逃之夭夭，对于追求完美、无法容忍瑕疵的 1 号来说更是如此。

有人做过一个关于家居环境对家庭幸福指数影响的调查，在那份调查中，89.5%的人认为改善家居环境可以提高家庭幸福指数，84.6%的人看到家里脏乱时心情会变差，53.8%的人会因为家里脏乱而跟配偶吵架，40.5%的人认为家里脏乱会成为导致夫妻离婚的原因之一。由此可知，家居环境对家庭幸福指数的影响确实很大。而一个井井有条的家居环境，往往能为伴侣间创造良好的氛围，有效减少彼此间的摩擦。

而且，许多人认为，在生活中，做一个井井有条的人，既能省时，又能创造经济或情感效益。如果善于利用时间的话，每天至少有整整一小时，可以用来做更有效率、成果更好的事。不然的话，这一小时很容易白白浪费掉。你如果按照科学的方法，经过一番训练，时间、精力都能发挥最大的作用，所得的回报自然相对提高，获得更多的利益——伴侣的爱。

因此，在日常生活中，1号的伴侣要有良好的生活习惯：衣履整洁、饮食起居规律、家中物品分类整理。如果你做不到对家中物品分类整理的话，至少要做到用完放回原处，因为1号人格会把家务处理得井井有条，你在这些小事上的粗心会让他有一种不被重视的感觉。他会把这些行为解读成是你犯的错误，并像家长管教孩子一样不断唠叨，直到你能养成习惯为止。

## 1号人格的职场：规则的守卫者

### 1号员工犯错，抱怨不如鼓励

1号员工认为他们的内心有一位严厉的批评家，这位批评家时刻都在监督他们，不断对1号的言行举止做出评价，比如，如果1号正在向上司做工作报告，他内在的评判家就像一位严师，不断指出1号的问题："你的观点应该更精确些，你的材料应该再广泛些，你的调研应该再深入些……"对于我们大多数人而言，这种自责的声音只会在我们犯下严重罪行时才会出现，但是对于1号员工来说，这种自责声与他们的思维相伴，也就是说，他们时刻处于自责的折磨中，并常常因为强烈的自责而感到沮丧，甚至可能做出“破罐子破摔”的自暴自弃行为。

如果1号员工犯了错误，要记住的一点是不要抱怨他们的错误。对于1号员工来说，他人的批评是一种极大的痛苦，因为他们已经饱受自责的折磨。他们是具有高度自省精神的员工，如果犯了错误他们会主动承认错误，然后产生一份自责、内疚情绪，认为自己没能达到职位要求的标准，违反了自己事事力求完美的原则，从而感到十分沮丧：灰心丧气、长吁短叹、感叹命运的不公，时运的不济；对什么事都提不起兴趣，整天无精打采，封闭自己，给自己构筑一个小天地，在那里责备自己，怨恨自己，自信心下降，疏于与外界沟通，孤寂、悲观；不能正确面对现实，总想逃避现实，看不到未来的希望，观念固执，在那里自我品尝苦果。

这时，领导者需要更多地鼓励1号员工，告诉他们犯错在工作当中不仅是允许的，只有通过犯错完美才能够真正产生，只需要不断进行调试，他们的能力是很值得肯定的。更重要的是，领导者要引导1号修正问题，因为这样相当于帮助1号员工完善自己、成就完美，是激励他们的有效手段，也是你赢取1号员工信服的契机。

## 引导1号员工把思考的角度放到结果上

1号员工追求完美，苛求细节，注重过程，他们无论做任何事都要求尽善尽美，并愿意付出很大的精力去把它做得天衣无缝。他们会拿着放大镜去审视工作中的每一个步骤，再三反复地去找出那些可能引发失败的因素，即便它小如毫毛、无关痛痒，他们也要掐断所有可能引发失败的“导火索”。工作中的任何一点风吹草动都会引发1号的高度警惕。这种要求尽善尽美的态度固然能促使1号员工把工作完成得更好，但更多的是一种拖延，往往导致最后为了赶进度反而根本保证不了质量，更不要说“完美”了。结果不仅事没办成或没办好，而且自己也弄得很紧张、很累。

要改善1号因为苛求细节而导致拖延的现象，领导者一方面要引导1号员工把思考的角度放到结果上，而不要太关注于过程；另一方面，领导者也要避免为容易紧张的1号员工安排太紧促的工作计划，因为他们常常追求100%的完美，时间太仓促的话，他们就难以完成工作，这样的话，他们就会把矛头指向他人，批判你和周围的人。

一个1号性格者曾这样描述自己：

“我做事情习惯于做到无可挑剔，可是我们公司的工作节奏特别快，我们的主管总是要求我在最短的时间拿出最好的方案来。我试图去适应公司的这种节奏，但是我却发现自己难以做到，我不希望自己拿出的东西里边有什么瑕疵，每每因为这样我就会很生气，但是主管却不停地催促，他要求的东西是那种过得去的情况就可以了，他的标准相比于我心中的标准显得太低了，可是他给我的时间总是太少了，我很苦恼，在这个追求产品低质量的工作氛围中，我有时候必须妥协一些，牺牲自己的完美以获得较高的效率，可是我的内心是痛苦的，我希望能够有更多的时间来把事情做得更好一些。”

由此可见，要求1号下属放弃一定程度的完美是可以的，但前提是领导者不能给他们太大的压力，如果领导者能够为1号提供充足的工作时间，他们就可以一方面追求高效率，另一方面达到高质量，实现质量和效率之间的那种平衡。

更为重要的是，领导者还要在工作之余为容易紧张的1号员工安排适当的轻松时刻，比如卡拉OK、团队郊游、部门聚餐，甚至一封周末慰问邮件，都会让1号紧张的神经得以放松，从而让他们产生一种被组织认同的感觉。

当然，领导者更要懂得经常嘉许1号员工的勤奋、认真的工作表现，注意是嘉许他们的工作表现而不是工作结果，因为工作结果再优秀，他们也会认为这是其应该做的，并不会对你针对结果的嘉许反应很大，但是对于工作表现受到嘉许他们则会感到非常欣慰，认为是他的原则和标准得到了认可，这往往会促使1号员工更加卖力工作，以报答领导者对他的赏识。

## 1号老板的底线，就是工作中的雷区

1号老板往往是极具原则性的人，他们下意识里常常把自己放在“规则的守卫者”的角色上，即他们是原则的卫道士，对于一切敢于挑战原则的人，他们的态度是“杀无赦”——坚决打击。

因此面对这样的1号老板，我们做下属的要有一件事放在心头，那就是永远不要触犯这位上司的底线，你在小细节上的失误会引发他们的苛责，但可能并不会真正影响你在他们心目中的形象，而一旦你犯了大是大非的原则问题，他们则很难原谅你，会把你定性为“恶劣份子”，把你永远驱逐在个人信任的心门之外。

李一鸣是一家高科技公司的业务骨干，工作能力有口皆碑。有一次，他到深圳出差。圆满地完成了任务后返回，刚下火车才发现他不慎将部分住宿、出租车和业务宴请等一些票据给弄丢了，总计有 300 余元。

他正在考虑如何向公司解释这个问题，忽然走过来一个中年女人，神神秘秘地对他说："发票要吗？"他愣了一下，迟疑地往前走，那人好像看透了他的心思，仍然紧追不舍地问，他一念之差，鬼差神使地花了 30 多元买了 300 余元的各种发票。虽然他心里很忐忑，有负疚感，但当他想到那只是他应得的，也就问心无愧了。

第二天他拿着票据回到公司，在老板那里顺利地签了字，但在财务处报销时，夹裹在票据里的假发票被会计发现了，会计告诉了老板，老板很生气，当众宣布那些票据是假的，当时他恨不得地上有一条缝钻进去。

老板斥责他为什么挑战公司原则，他支支吾吾解释，结果却越抹越黑，只好坦白了事实。由于这已经是非常严重的财务违纪，老板秉公办理，给了他严重警告的处分，而且对李一鸣产生了极差的印象。

故事中李一鸣这种用假发票报销这种严重违规违纪的行为，是所有人格类型的老板都无法容忍的。尤其是对于极具原则性的 1 号老板来说，更是近似"罪无可赦"的过错，必然会遭到 1 号老板强烈的谴责和严厉的惩罚。

由此可见，要讨得 1 号老板欢心，遵从他们的原则是首要条件。因为 1 号老板喜欢那些遵守原则的本本分分的员工，他们认为一些事情是做人做事的底线，是工作中的雷区和禁区，如果触犯了原则，那么你即使被炸得体无完肤或者受到严惩，他们都会认为那是你应得的代价，所以不要触犯 1 号老板的原则。

## 从事实出发，让数据说话

1号老板时刻都在忧虑不完美，小心翼翼地寻找那些可能导致失败的因素，竭力使事情向完美的方向靠拢。在这样谨慎的心态影响下，1号老板考虑问题往往严谨细致，而且他们考虑问题常常根据事实出发，喜欢精准的数据，需要权威性的信息，并且不重视你怎么说而要看你怎么行。他们常常不只是想到事情的一个方面，还可以把事情的各个角度、正反方面都考虑妥当。

一个1号老板曾这样描述自己：

“我的信念是真理和原则，我重视事实，我对于一切事物，都希望以其本来的面目去看，我最讨厌别人欺骗我，他们说的完全不是事实，一旦他们这样，我就会对他们完全设防，我认为这样的人是小人，哪怕他们是我的得意下属，我也会从内心里瞧不起他们。一些人和我谈话时，常常把一件事情的优点和好处说得天花乱坠，我觉得他们太浮躁了，世界上的事情优点有多大，缺点必定有多大，我从来不相信会有天上掉馅饼的好事，如果他们能和我谈一谈这件事情或某个东西的缺点和不足，这样我反而能够更加信服他。另外如果他们能够拿出一些权威的数据和信息，能够用事实证明他们的观点，我也会从心底里赞赏他们，觉得他们聪明和严谨，是做事情的好伙伴，我就是喜欢和这样的人交往。”

根据1号老板的这种谨慎的心理，建议大家和他们沟通时要懂得用事实说话，这样他才会对你心服口服，才会真正听你的话。

人们常说：“事实胜于雄辩。”确实，事情的真实情况比强有力的辩论更有说服力。用事实说话的人也就是诚实的人。从人际交往的角度来看，诚实是做人的基本品质，是人们相互依赖和友好交往的基石，和诚实的人交往会给人一种安全感，不必处处设防。多一分诚实，别人会对你多一份尊敬，多一分信任，最终在人生的道路上会获得意想不到的成功。

而且，对于真理和原则的1号老板来说，他们谨慎的心理特征使得他们拥有科学家的严谨，能轻易辨别事物的真假，如果员工以事实相对，他们会给予支持和鼓励，如果员工以谎言相待，则会引爆他们内心压抑已久的怒火。

## 1号人格的性格：无处不在的优越感

### 完美才能安宁——1号的不能承受之重

1号事事要求完美，他们充满对周围世界和自己的评判，他们认为只有完美才能让自己感受到安宁。因此，他们常常担心自己做的事情不完美，担心什么事情做不好会影响自己的形象，尤其担心因为犯了什么错误会让自己今后的发展受影响，这些在他们看来是无比恐惧的事情，他们会尽力避免这些事情的出现。

有一个1号性格者曾这样描述自己：

“我常常担心自己犯错，我每一天都是小心翼翼的，似乎我一不小心，就会犯下一个大错，那样我会颜面尽失，我真的就没有任何前途了，我每天都要提醒自己小心谨慎，我生怕发生了什么事，别人会认为我没有能力或者批评我，那样我情愿去死！”

1 号之所以会活得战战兢兢，原因就在于他们对自身不完美的恐惧心理。这种对于不完美的恐惧感驱使着 1 号注重细节，并要求自己做事情做到细节完美，不能出现任何差错，他们对自己犯的错误充满愤怒。他们四处观察以找出一切不妥的地方——文法拼写错误、没礼貌的行为、混乱、成果不彰种种在他们看来不符合原则、缺乏价值的现象，这些现象令他们厌恶和恐惧，因为它们可能破坏 1 号辛辛苦苦维持的完美人生。

此外，他们还严格要求身边的人也做到完美，他们常常主动告诉别人其做事的不完善，并且给其指出正确的方法，他们似乎总是在对别人敲敲打打，他们觉得别人懒惰而缺乏责任心，应该加以改正。当然，更重要的是，他们害怕身边人的不完美会破坏自己的完美。

追求完美固然能促使 1 号不断向前进步，但对于不完美的过度忧虑也会成为 1 号前进路上的沉重的包袱，阻碍他们的发展，因为世界本身就是不完美的。也就是说，如果 1 号固执地追求完美，就只能使 1 号看到自己对现实的无能为力，从而变得急躁、自卑，甚至急功近利。它不仅使得 1 号本人觉得痛苦，更糟糕的是这种个性也会影响他们周围的人。比如，他们因为追求完美而讲求细节，事必躬亲，不放心让别人去做，就常常导致自己乃至整个团队都效率低下，影响工作进度；他们因为追求完美而常常批评别人的不完美，这些批评常常引起他人反感，可能引发别人和他们针锋相对的抗争，或许别人赞同他的观点，却无法容忍他苛刻的态度，激发彼此的矛盾和冲突，这常常使得 1 号的人际交往能力变弱。

总之，对于追求完美的 1 号来说，他们不仅需要认识到完美的利与弊，更要懂得成长的意义——认识到即使现在还不完美，但人是不断成长且不断趋近完美的。只有接受这种具有建设性且宽容的观念，才可以善待自己，认识到自己的长处和短处，发挥自己的长处，并能够不带任何偏见地与人交往，也就不至于因为追求完美而走极端，才能为自己营造一个平衡发展的人生。

## 超越日常思想的思想

人人都有优越感，这是一种人们自以为生理方面如体形、相貌和体力，心理方面如智力、技能和知识或其他方面比别人强的心理状态。优越感本身并不是什么弱点或不健康的心理疾病，它基本上属于一种中性心态，如果运用恰当，可能会成为人们追求进取的动力。但如果过分追求自身的优越感，则会阻碍自身的成长。

九型人格中的 1 号完美主义者拥有较强的优越感。他们相信自己是芸芸众生中少数的能做正确事情的人，因此他们对人、事、物的标准较高，并不断向自己或他人灌输“事情就应按照我的要求进行，因为这样做的结果最好”这样的理念。也就是说，1 号相信，通过成为最“正确”的，去修正错误及满足自己“内在标准”的要求，才能生存，才会有价值。

一旦自己或他人的行为脱离 1 号心中的那个标准，1 号内心就会产生一股强大的自责力，这种力量将强迫 1 号自己或他人回到那个所谓的正确轨道上。这种行为可能在其他人眼中看来是一种苛刻、偏执，但 1 号却把这种强大的内在自责力看作更高层的自己，即一种超越日常思想的思想。

我们无法否认 1 号对自身优越感的强烈追求是促使 1 号精进做

事的动力，但我们也无法回避这种强烈的优越感所带来的隐患：它阻碍了1号去全面、深刻地认识自己。生活的现实往往是：不管你在哪方面向别人表现、炫耀、暴露自己的优越感，都会招来他人的反感，他人就会反馈给你错误的评价，这些错误的评价常常使你对自己形成错误的认知。诚如法国哲学家罗西发古所说：“如果你要得到仇人，就表现得比你的朋友优越吧，如果你要得到朋友，就要让你的朋友表现得比你优越。”

为了全面地认识自己，1号首先要正确地看待自身追求优越的心理，并学会收敛自身的优越感，即在看到我们自身优点的同时也要看到自身的缺点，更要看到他人的优点而不只关注他人的缺点，这样我们才能平和、谦虚地对待自己及世界，而世界自然会给你真实的反馈，这将促使你认识到世界及自我的真相，也就能获得更好的发展。

## “请原谅，我拒绝完成”

为了维持自身的优越感，1号性格者不仅在各种事情上建立了较高的标准和原则，并坚持自己的原则，有着坚定的理想并为之而努力，以促使周围的世界向更好的方向发展。

1号的内心有很多原则和标准，他们做任何事情都以符合标准为成功的表现。也就是说，一件没有标准的事情常常会让他们无所适从。他们的标准可能是公司制定的作业流程、品质的要求、职位上的责任，也可能是父母的教诲或社会的伦理道德。总之，无论是什么标准，他们都会严格遵守它们，并用这些原则和标准去量度每一件事情，只有当这件事情达到他们的原则和标准，他们就会获得“这件事情很完美”的满足感；反之，则会感到失望和痛苦。

一个孩子拒绝完成老师布置的作业——写一篇主题为从狩猎中学会做人的作文。他在作业本上写道：“请老师原谅，这是一篇很无聊的作文，我拒绝完成。”

老师看到后，既生气又不解，于是问道：“你为什么觉得这篇作文无聊？”

孩子毫不掩饰地回答：“我们全家都是动物保护者，狩猎是非法的，而这篇作文却要求我们写狩猎。”

老师恍然大悟，但接着又问：“我们是想从作文中学到一些做人的道理，这与动物保护没有多少冲突，你不应该拒绝呀！”

“老师，我反对您的观点，连动物保护都做不到，还谈什么做人的道理呢？”这个孩子非常认真地回答。

老师又说：“这只是一篇哲学小品文，想通过一个故事给人们一点启示罢了，你想得可能有些复杂了。”

“不，我想得并不复杂，其实很简单，这篇文章触犯了我的原则。”孩子坚定地说。

故事中的这个孩子具有典型的1号性格者特征——坚持自己的原则，即保护动物。触犯了他的原则，即便是老师的启发和诱导，也不能改变他。因为在他的眼里，原则高于一切。

1号不仅要求自己坚持原则，还会强迫别人也坚持他们的这些原则，因为他们常常会认为自己是高于他人的，自己的原则也就高于别人。他们希望周围的人能够和他一样，大家共同为实现这一原则而努力。他们看不惯别人糊涂地过日子，看不惯别人面对事业的那种不严谨、不严肃态度，他们认为自己有责任教导他们，让他们能够有所改进。他们虽然不会表现出十分强烈的态度去强迫他人，但他们不能保持沉默，他们看到问题总是忍不住要提出来，并且要让别人知道：他们在偏离原则了。他们觉得在这个世界上自己的提醒是很有必要的。

但 1 号没有意识到的是，他坚持的这些原则往往是他自己制定的片面、狭隘的原则，带有极强的个人主观性和个人理想主义色彩，它们可能适合 1 号，能够帮助 1 号获得更好的发展，但它们不是适合其他人的标准，甚至可能会阻碍他人的发展。而且，事事按照标准和原则行事，会使得 1 号的处事态度过于僵硬，显得死板，这在一定程度上就成为了 1 号前进的障碍。

由此来看，1 号需要更全面地审视自己的那些原则和标准，在坚持原则的基础上还要懂得顺应事物的发展规律来灵活行动，充分尊重他人的原则，才能真正趋近完美的境界。

### 1 号，请允许中间状态的存在

1 号性格者的世界观来自这样一个假想：世界上的每一个问题最终都有一个正确的解决办法。因此 1 号只关注这种唯一的正确性，而不管是否存在其他更好的方式。也就是说，这个世界可能存在很多种正确的解决途径，对于这个人正确的办法也可能并不适用于其他人，但是 1 号不会接受这样的思想，因为他们只认定一种正确的方法，并认定这种方法是绝对正确的，而其他想法在他们眼中完全是无稽之谈。

在 1 号看来，如果所有人都能随心所欲，高兴怎样就怎样，那还有什么力量能够阻止邪恶来破坏美好的生活呢？而由于 1 号自身有着极强的优越感，他们常常会将自己看作是那股能够阻止邪恶的力量，因此他们常常将内心的标准绝对化，他们会认为自己的标准才是唯一正确的标准，他们不愿意倾听也不愿意承认还有第二条标准，他们认为如果世界没有按照自己的标准，不是自己错了，而是这个世界出了问题。1号这种思维其实就是人们常说的“非黑即白”思维。

在“非黑即白”思维的影响下，1号常常把生活、社会的一些现象和事物看成要么全对，要么全错，绝无中间状态可言。“不是楼上楼，就是楼下搬砖头”“要幸福必须事事成功”“达不到目标勿宁死”“背水一战”“不成功就成仁”之类的认知，就是这种思维的体现。毫无疑问，这是一种很容易让人产生痛苦、郁闷等负面情绪的思维模式。因为在这种思维的主导下，如果没有取得完全成功，他就会认为自己是彻头彻尾的失败者；他认识的人中间，除了好人就是坏人。

1号之所以持有“非黑即白”的极端思维，是因为1号自身强烈的优越感在作祟。持有这些观念的人，多被别人或自己认为是很有才干的人，因此他们自尊心强、害怕失败、不满足自己，无休止地驱使自己去“奋斗”，所以神经一直处于紧张状态，当然不会有“幸福”可言。如果因某一事件的影响，或某次失败，1号就把此当作灾难，“我没有达到目标……，我是失败者”。1号的自尊顷刻瓦解，而自卑、沮丧、焦虑、抑郁情绪则像滚雪球一样越来越强烈。

1号要想避免“非黑即白”思维带来的灾难，就必须认识到世界的复杂性。也就是说，事物总是复杂的，极端的状态只是理论上的一种状态，而不是现实的情形。对于现实事物来说，真与假、是与非、对与错、好与坏、美与丑，等等，并不是绝对的非此即彼的对立关系，而是亦此亦彼的关系。它们往往是相互渗透、相互包含，在一定的条件下还会相互转化。因此，事物更多的情况是在两极之间存在着多样的可能性。如果1号继续坚持非黑即白的思维，就是在用极端的眼界看事物，是违反事物的本质的，也必将阻碍自身的发展。

## 别让内心的希望被“应该”压制

1号是一个内心充满不满的人，他们经常感觉自己的理想和现实不能够和谐共存。1号性格者将注意力完全集中在那些应该做和必须做的事情上，这使得他们的大脑中已经没有空间去关注他们自身的需求。也就是说，1号自己的需求很难被满足，因此1号总是不满。而不满实际上代表了长期的恼怒感。从另一方面来看，这种不满，正好说明1号并没有完全满足自己的真正需求，而是在为了满足内在的批评声而强迫自己努力工作。

之所以会这样，是因为1号将自己更多地看作是世界的“拯救者”，因此他们信奉“后天下之乐而乐”的思想。也就是说，只有在生活已经稳妥、任务已经完成、世界变得和谐之后，1号才会考虑到自己作为个体所需要的休息和乐趣，即他们的时间总是被安排得满满当当，而且时间表上的每一项都是为了实现完美而和谐的生活：音乐时间、锻炼时间、学习时间、安慰朋友的时间，等等。只有这些项目被完成，他们才能去关注并满足自身的需求。然而，现实却是：这些项目总在接连不断地涌现，它们似乎永远没有被完全完成的时候，也就没有给予1号空闲时间思考自我，他们真正的需求也就无法出现，更无法被满足，这就体现不出1号真正的价值，即1号将永远生活在不满的痛苦之中。

35岁的裴华已经当了10年医生，并获中级职称，工作认真负责，但她心里总有一种抹不去的疲惫感和悲哀感。她一点也不喜欢医院的工作环境和体制，她也明白自己偏爱和语言文字有关的工作，喜欢写些散文随笔类的小文，并在一些报纸杂志上被发表过，如果从事文字方面的工作，或许她能迸发出巨大的工作激情，但迫于家庭的压力及自己害怕失败的顾虑，她一直没能下决心改行。

许多1号都像故事中的裴华一样，即便是明白自己真正的需求，也会因为害怕失败而不敢去尝试，任由自己在不满的痛苦中沉沦。

要想摆脱内心中的不满所引发的痛苦，1号迫切需要关注自己的内在需求，不要让内心真正的希望被一系列的“应该”压制和取代了，更不要明明感到烦躁却强作笑脸，或者怒气冲天却故意冷静地说话，否则你将偏离你真正的方向，离你渴望的完美境界越来越远。

## 1号人格的交往：关注黑点而忽略光明

### 做事情就像做试验，数据是根本

1号重视原则和真理，他们对于事物的看法常常是出于理性而不是感性，在与人沟通时，他们更欣赏能够理性思考的人。

一个1号性格者曾这样描述自己的理性：

“我看待问题时，常常会以是否合理为角度去进行分析，对于虚假的想象之类的感觉，我觉得很模糊很难以接受，我喜欢别人和我说话时能提供数据，更提供一手的调查资料，而不是不了解情况就开始对我喋喋不休地讲解自己的个人见解，没有调查，就没有发言权，这是一条基本的准则，逻辑性也很重要，如果一个人的讲话没有逻辑性，你能够想象他对某个问题有多么深刻的认识吗？我认为一切事情就像科学试验一样，没有数据，没有理性的约束，那么这件事情成功的可能性也就微乎其微了。”

从更深的层次来看，1号对人的信任可以分为三个层次：第一个层次是认知信任——它直接基于事实和逻辑思考而形成，而这种强调事实和逻辑的沟通手段正好满足了1号重理性、重分析的个性；第二个层次是情感信任——在和你交往过后，感觉你提供的信息和事实符合他的要求，便可能形成对你在感情上的信赖；第三个层次是行为信任——只有对你提供的信息以及做事说话的行为风格认同后，行为信任才会形成，其表现是长期关系的维持和重复性交往的产生。

因此，人们和1号进行沟通的时候，一定要重视逻辑分析，而不要和他们云里雾里地谈你的人生感受，或者逻辑混乱地去谈论某件事情，如果你这样去做的话，常常让他们感到厌烦，你们的沟通也不会愉快。

而培养逻辑分析的能力，需要养成从多角度认识事物的习惯，全面地认识事物的内部与外部之间、某事物同其他事物之间的多种多样的联系。要多角度认识事物，首先要学会“同中求异”的思考习惯：将相同事物进行比较，找出其中在某个方面的不同之处，将相同的事物区别开来。同时还必须学会“异中求同”的思考习惯：对不同的事物进行比较，找出其中在某个方面的相同之处，将不同的事物归纳起来。此外，还需多了解一些思维发展的理论知识，并经常对理论知识进行形象加工，形成正确的表象，有意识地用理论指导自己的逻辑推理能力，更要学会用意识去调节和控制自己的情绪和心境，使自己保持平静、轻松的情绪和心境，提高自己逻辑推理的水平和质量。

总之，只有当你具备了一定程度的逻辑分析能力时，你才有了取信于理性的1号性格者的条件。

## 将1号的吹毛求疵当成动力

1号性格者追求的是心目中的理想和完美，因而在现实中他们常常不遗余力地强调某件事应该不应该做，应该怎么做或者不应该怎么做，这常常使他们给别人一个“吹毛求疵”的挑剔的印象。

对待一件事情，1号总是要再三地审查才将其放行；在谈话或会议中，发问最多的肯定是1号。过于挑剔的1号经常会说一些这样的话：“虽然我不是领导，但是看到你们不能遵守规则，我也很气愤，请按照规定来做，就这么简单，为什么你们就做不到呢？”“开车一定要遵守交通规则，否则不但危险，还会造成交通堵塞，难道你们不知道吗？”“你看你随随便便的，这样衣着不整，把自己搞得邋里邋遢的，怎么见人啊，怎么就那么随便呢？”“你这个人总是不遵守规则，老是迟到，老是犯错误，而且同样的错误会犯好几次，这么简单的事情都做不好，还能做什么呢？”……

总之，他们在沟通过程中常常过于关注黑点而忽略黑点周围的光芒，这样的沟通模式常常会让周围的人感觉到压力，甚至选择逃避和离开他们。比如，1号的父母就常常为他们的孩子制订严苛的教育计划，常常引起孩子的反感和对抗。

“我的父亲对我十分严格，他总是拿我跟周围的孩子做比较，不是跟某一个孩子比，而是拿周围所有孩子的优点跟我一个人比：谁谁谁胆大啦，谁谁谁动手能力强啦，谁谁谁力量大啦……要我集万千优点于一身。然而，人无完人，谁也不能在各方面都胜过其他人。不只如此，别人没有的他也希望我有：作文、珠算、书法……他希望我十全十美，但我这些方面都从来没有让他满意过。在他看来，事情总是简单不过的，只要肯努力，就没有办不到的事。仿佛我没有达到他的要求，都是我的过错，是我没有努力。他不断地苛责我的无能，使我变得越来越自卑，甚至因为觉得自己一无是处而想要自杀。当我进入青春期后，我不再默默忍受父亲的苛刻，转而开始和他对抗，这使得我们父子间的关系十分恶劣。在我高考失利后，父亲出乎意料地没有责骂我，而是和我深谈了一次，并为以前对我的苛刻态度道歉，此时我才发现，父亲苛责的背后是对我深深的爱。”

故事中的对儿子挑剔的父亲是一个典型的1号性格者，但他挑剔的背后是对儿子深深的爱，因此他才竭力想告诉儿子什么是正确的道路，什么是错误的道路，只是他忽略了儿子作为一个个体存在的特殊性，即他的思想并不能替代儿子的思想，儿子的人生要由儿子自己来决定。而作为儿子，则应该看到1号父亲苛责背后的关爱，而不要狭隘、曲解1号父亲的苛责态度，才能在彼此间建立和谐的关系。

因此，人们在和1号沟通时，需要明白：尽管1号常常提出很多的“应该”以及“不应该”，但是他们的怒气常常是针对某件具体的事情而言的，并没有完全否定另外一个人的意思，这样在受到1号挑剔的时候，我们就能够很好容忍和理解他们的吹毛求疵，更多地将他们的这种挑剔看作是促使我们前进的动力，而不是看成我们发展的阻碍。

## 适当表现一些幽默感

洗完手总觉得没洗干净，要反复多洗几次；人在单位里却一整天都在惦记自家的煤气和水管是不是没有关；出门前刚整理好的随身包却总觉得有东西没带齐，要反复检查多次……现代社会的竞争日趋激烈，工作、生活节奏很快，经常使人处于高度紧张的状态，对于追求完美的1号性格者更是如此。

1号凡事要求十全十美，他们为人谨慎、墨守成规、太过理性，常常对自己和别人要求很高，结果总是批评别人不好，怀疑和否定自我，缺乏自信心，常因此而无法接受自己，容易因强烈矛盾的内心冲动而崩溃。在这样高度紧张的心理状态下，1号往往会成为一个行为刻板的人，相对缺少一些轻松幽默的态度来面对人生。

因此，人们在和为人处世风格严谨的1号相处时，可以适当表现一些幽默感，这样就可缓和他们的高度紧张，引导他们放松情绪，为彼此间深入地沟通做好良好的铺垫。

德国著名的霍夫曼将军有一次到慕尼黑去视察军队，慕尼黑的军官俱乐部当晚举行宴会，欢迎他的到来。在大家举杯喝完酒后，一个中士服务员来给将军斟酒。由于紧张和激动，中士居然一下子把酒洒到了将军的秃头上去了。当时，在场的军官和士兵都十分紧张，不知道将军将如何大发雷霆来惩罚那个可怜的中士。中士也吓得脸都白了，脸上不自觉地流下了一道道汗水。这时，只见霍夫曼将军拿出口袋里的手帕，擦了擦脑袋，笑着说："小伙子，我这脑袋已经秃了二十年了，你这个方法我也用过的，谢谢你。可还是得告诉你，根本不管用！”就在大家一阵哄笑声中，那个中士也终于恢复了平静，他感激地向将军敬了个礼，流着眼泪退了下去。这时，大厅里响起了一片热烈的掌声。

故事中那位高度紧张和激动的中士不一定是1号性格者，但他紧张的状态却具有典型的1号特征。而要缓解这种高度紧张的心理，人们需要使用幽默这门艺术，因为幽默的语言能够引发人的良好情绪，幽默是人际关系的催化剂。虽然1号并不具有丰富的幽默感，但是他们对于机智和充满关怀的幽默语言并不反感，相反他们会在幽默的空间内享受到一些乐趣。

但需要注意的是，幽默不能流于浅薄，否则1号会有受侮辱和不被尊重的感觉，那么你的一片心意可能就白费了。

## 与1号有分歧时，沉默为佳

1号常常固守在自己思想的围城当中，一旦他们认定了一件事情，常常会划定一些原则和方法，划定一些所谓的标准流程和核心价值观，他们的心目中，这些东西是完全正确的，是不容置疑的，他们一旦认定这些原则和方法，就会坚定不移地遵循，就像虔诚的教徒认为这个世界上只有一位所谓的真神，除此以外，其他的一切都是虚假的偶像。这时，追求完美和原则的1号似乎开始不理智起来，似乎拥有的是绝对的感性，对于与自己不同的观点，他们的耳朵就像躲在密不透风的墙壁后边，不管你说什么，他们都坚持认为自己的决定是最正确的选择。这就是人们常说的“固执”心理。

从心理学的角度来分析，固执指的是人们在认知过程中无法将客观与主观、现实与假设很好地区分开来的心理现象。如果人们事前将自己这种已有的经验驾驭现实之上，并过分固化的话，就产生了执迷不悟。也就是说，人本身对事物是有自己认知的，对事件的态度是由自己的评价来决定的，而且这种评价是依赖于其自身的经验。1号性格者拥有极强的优越感，这使得他们对待事物的态度更多由自身的经验主宰，而可能忽略了因时因地而异的客观因素，即常常犯错而不自知。

固执的形成非一日之功，同样它的消除也不能转瞬间完成。因此，当我们在意见上和1号有分歧时，沉默为佳，最好不要“针尖对麦芒”地和他们争辩，因为1号从来都对自己的观点有着盲目且绝对的自信。

有一个人很爱看电视，但他不知道电视机的工作原理，他相信那个小盒子里肯定有许许多多小人儿，不停地高速运动来更换图像。某一天，他遇到一个工程师，就向工程师请教电视机的工作原理。工程师就开始生动浅显地讲电视机的频谱、发射、接收、信号扩大等知识，这个人也听得很认真，不停地点头。最后，这个人说他很满意，完全明白了这工作原理。然后他问：“但是我觉得说来说去，也就是说那小盒子里其实只有很少的几个小人儿，对吧？”

故事中的这个人就具有1号性格者的典型心理——固执己见，即便工程师详细地为他讲解了电视机的工作原理，他还是坚持自己的观点——电视机那个小盒子里肯定有许许多多小人儿，不停地高速运动来更换图像。面对这样固执的1号，解释再多都是白费口舌，做无用功，还不如沉默。

当然，我们也可以试着温和地、有技巧地引导固执的1号赞同我们的看法，但如果多番努力后依旧无效，还是放弃为佳，以免引发彼此间的争辩，破坏彼此的关系。

## 抓大放小，获得更加完美的结果

1 号是靠判断性思维跟外界沟通的，他们关注细节，能迅速地注意到事情的方方面面，并且以极快的速度找出其中的“不对劲”，一旦他们发现瑕疵，一定会给出修改意见。因为他们不能容忍事情的不完美。因此，在人际交往中，1 号常给人爱挑毛病的印象。

但是我们在和 1 号交往时，却不能像他们那样计较，抓住细节不放，而应坚持抓大放小的原则。因为 1 号的特点是追求完美，他们会常常显得有些唠叨，或是好为人师，或是鸡蛋里挑骨头，总是让人头大和无奈，但我们应该看到在这些小细节的背后，他们的目的是为了获得更加完美的结果，为了更高的价值准则，我们甚至应该因为他们的存在去庆幸，去赞赏他们的高标准和高品位。

有一个领导者曾这样描述他的一个员工：

“我是一家外资公司的经理，我下边有一个员工经常给我提很多苛刻的意见，我经常很头大，但是我却不能够指责他什么，因为我无法指出他有什么错误，他列举的是事实，他论证的逻辑无懈可击，他的意见似乎很挑剔，却总是又能让我无话可说，他的意见一个接一个，而且建议一个接一个，有些明显不符合公司目前的现实，我为此一直很苦恼，因为觉得这个员工是个不听话的员工，后来我越发感觉到在这样的一个公司里，有一些这样的员工是很宝贵的，他们总能提出一些高于目前管理和技术水平的建议，让我也更多认识到很多公司内部的提升空间，我开始不再关注他对我的“无理和挑剔”，我甚至会经常主动去询问他的看法，我认为正因为这个员工的存在，我们部门才会发展得比我想象和期待中的更好。”

我们应像故事中的这位经理一样学着对 1 号宽容一些，学会欣赏 1 号的不完美，而不要抓着小细节不放，这样你才能更多地去认识 1 号的价值，有 1 号的存在，你的生活永远会充满一些不自在，你总需要更加努力，但是不自觉地，你的各方面在其狂轰滥炸下也会有一个质的提升。我们面对 1 号时要忘记让人不爽的小细节，因为有他们，我们的进步才会很快，让我们去欣赏他们的苛刻吧。

# 第二篇
## 解密2号人格，让爱播撒人间

2号给予者心中充满了爱，他们渴望给予爱，也渴望得到爱。他们倾向于把世界看作一个需要帮助的人的综合，而他们又能够十分敏捷地判断出别人的需要，并调动自己的感情去适应他人，即便因此放弃自己的需要也在所不惜，但他们更希望自己为别人所做的一切都受到感激，使自己获得爱。他们的人生信条是：如果我不能帮助别人，我的生活就没有意义。

# 2号人格的婚恋：适度最美

## 羞于启齿，便会错失良人

2号性格者往往羞于表达自己的需求，认为那是一种自私行为。因此，2号在表达内心的需求时通常不会直接说明，多采取暗示的方式让对方了解。因为他们总能够在对方未开口前就察觉到对方的需要，并立即给予关照，所以也希望能够获得对方同样的回应。

在面对爱情时，2号也秉持“羞于启齿”的态度。他们总是制造一些浪漫的氛围，让两人沐浴在爱的气氛之中，并以此希望对方能够加强对自己的关注，注意到自己内心的需求并给予满足。这种被动等待爱情的态度常常使2号错失良人，后悔不已。

荷兰足球明星克鲁伊夫曾5次被评为荷兰“足球先生”，3次被评为欧洲“足球先生”。他风度翩翩，言谈举止十分讲究。他曾收到许多姑娘的情书，但他没有理会，因为他要在绿茵场上奔跑。

一次，他收到一个用裘皮精装的日记本。每一页上都只有一个名字，他自己亲笔写的名字——克鲁伊夫。一直翻到最后才有一篇文章，那秀丽流畅的笔迹使克鲁伊夫惊诧不已，他一口气读完了它：……我已经看过你踢的100多场球，每一场都要求你签名，而且也得到了，我多么幸运啊！当然，对于拥有无数崇拜者的你来说，我是微不足道的一个，“爱是群星向天使的膜拜”，我多么希望你对我已经有一点印象呵……坦率地说，我爱你，这封信花了我整整一个星期，我曾经在月下彷徨，曾经在玫瑰园惆怅，也曾经在公园徘徊，好多次想迎着你，我毕竟才 19 岁，少女的羞涩仍不时漾上脸来，心中只有恐惧和向往……现在，爱神驱使我寄出了这个本子。……如果你不能接受我奉上的爱情，请把这个本子还给我，那上面“克鲁伊夫”的名字会给我破碎的心一半的慰藉，那另一半就是你，我多么也想得到那另一半呵……这封信的字里行间流露出的真挚感情，深深打动了克鲁伊夫，他终于留下了本子。

一星期后，克鲁伊夫和丹妮·考斯特尔相会了，21 岁的世界足球明星和 19 岁的美丽姑娘一见钟情，成为一段佳话。

莎士比亚说，犹豫和怯懦是爱情的大敌，当爱来临，请勇敢地射出爱神之箭。如果心中有了爱的萌动，就要勇于表达你的爱。默默地等待固然美好，但韶华易逝，时不我待，“莫待无花空折枝”。

因此，作为 2 号的伴侣，要懂得鼓励他们主动、直接地表达内心的需要，因为他们暗示性的表达总是会造成误会，因此直接的表达才能够真正准确地体现出他们的内心渴望，才能促进彼此间的良好沟通，也才能增添爱情的甜蜜度和幸福度。

## 爱情的世界里，不是有付出就有回报

在爱情中，2 号性格者非常关注对方的感受和需要，他们会把对方的需要和感受放在首位，不惜改变自己来适应对方，有时甚至牺牲自己来迁就对方。也就是说，当 2 号爱上一个人，他就会以对方的兴趣和梦想为目标，主动学习对方喜欢的东西，涉足对方感兴趣的领域，并付出自己的一切努力，调动自己的一切资源，来帮助对方实现梦想，希望借由这样不断付出的行为来获得对方爱的回应，获得自己被对方需要而满足。由此可知，在爱情中，2 号大多数时候是在迎合伴侣，而很少表达自我。

但在爱情的世界里，不是有付出就有回报，许多时候，2 号单方面付出的行为获得的不是对方的肯定，反而是对方的否定，因为这些全心全意的付出给了对方太大的压力。因此，2 号在付出爱的同时，也别忘了表达自我的需求——向对方索取爱的回报，这才是真正惺惺相惜的爱情。

由此可见，作为 2 号的伴侣，你需要帮助 2 号表达自我，首先要帮助 2 号认识自我，但由于 2 号很少关注自我，因此你可以从 2 号所关注的事物中寻找线索。比如，2 号对“人”最感兴趣。不过这里的“人”不是抽象的概念，而是个别的人。个体的情感、言行、思想……凡是围绕个人的一切，都是他关心的焦点，他的日常话题也是以别人的事情居多，以通过言说他人来曲式地表达自我。了解到这一点，就可以更容易与他展开沟通，从他对别人的描述，挖掘出他隐藏在话里的自身观点。

此外，你还需要明确地告诉 2 号：你爱的是他的全部，而不是他的无私付出。比如，你可以多说“你的牺牲和关爱让我感动，但我想让你知道，能够与你在一起是最重要的，我爱的就是你的全部”“能够与你在一起，我愿意为你做一些事情，因为你总是在无微不至地照顾我，你太辛苦了”类似这样的话，这能极大地激起 2 号的自信心。因为你在向他传递：即使他有被爱与被照顾的需要，你也不会因此厌烦他，不会认为他是在一直付出之后突然索要回报，你不会因此远离他甚至放弃他。这让他感到自己备受你的关注，他的内心觉得安全而平稳，有利于他了解自己，更能帮助他勇敢地表达自我。

## 对2号，不要吝惜甜言蜜语

2号认为自身存在的价值需要通过满足他人的需求来实现，因此他们并不关心自己内心的需求，甚至觉得有自己的需求是一件可耻的事情，即便他们觉察到内心的需求，也不会直接表达出来，多采取暗示的方式让对方了解，即便陷入热恋也不例外。

在爱情中，2号渴望与伴侣有“心有灵犀一点通”的默契感，他们凭借对伴侣需求的敏锐观察，总是能够在对方未开口之前就觉察到他的需要，并立即给予关照，所以也希望能够获得对方同样的回应。于是他们总是制造一些浪漫的氛围，让两人沐浴在爱的气氛当中，并以此希望对方能够加强对自己的关注，注意到自己内心的需要并给予满足。

遗憾的是，2号和他们的伴侣毕竟是两个独立的个体，因此两人很难完全达到“心有灵犀一点通”的默契，伴侣也就难以完全注意到2号的需求并及时给予满足。这时2号就会感到愤怒，变得情绪化，甚至会像火山爆发一样宣泄出来，这主要是因为长久以来他们过分压制内心的需要，并总是用暗示的方式表达，往往让人难以理解，也就很难得到回应，因而他们很容易产生了一种不被理解、不被重视、不被关爱、不被需要的失落感。此时的2号会感到满腹委屈，并不断向伴侣抱怨，期望以此获得伴侣对他们的关爱与重视。

同时，2号会更加关爱伴侣、无微不至地照顾对方以及对方的家人和对方的好友，并以此让伴侣产生一种愧疚的感觉。如果仍旧得不到伴侣的回应，他们便会真的“火山爆发”，如数家珍地与对方理论并直接采取行动控制对方的生活，往往给人一种霸道的感觉。

这主要因为，2 号认为自己为对方付出了那么多的关爱甚至是牺牲，就有权利了解以及控制对方的一切。（这种情况只出现在 2 号始终得不到爱的回应时）

作为 2 号的伴侣，你要懂得细心留意他们在情感上的需要，特别是他们对被爱、被关注的渴望，即你要在他们未开口之前就能够觉察到他们的这种渴望，并做出相应的回应来满足他们渴望被爱的需要。

此外，你还需要在言行上多多表达对 2 号的关爱，如果你爱他就不要吝惜甜言密语和“我爱你”这三个字，他们会从这些言语中明确地收获你对他的需要和爱。如有可能，公开地赞赏他对你的支持，在你生命中有特别意义，这会令他异常感动。因为 2 号自己尽管经常用暗示来表达情感，但他们对他人的间接、暗示性情感表达的觉察是很匮乏的，这也是因为他们忽略自己内心的需要造成的，因此主动、直接地向他们告白，或者以一些小礼物时常对他们表达情意以及亲昵，都会让 2 号人格伴侣收获极大的被爱的满足感，也会让你们的生活沉浸在甜蜜的浪漫感觉之中。

## 营造“距离感”，才会产生美感

2 号性格者以满足他人的需求为己任，他们时刻关注伴侣的需求并及时给予满足，他们时刻都希望能够与对方厮守，追求一种如胶似漆的亲密感。然而，2 号在扶助伴侣的同时，必须留意自己占有欲过强的倾向，尤其是那些从小就向往婚姻生活，立志当贤妻良母相夫教子的女性 2 号，更容易有以爱为名、将家里大小事务都纳入监管范围的独裁作风。当然她们的出发点是要确保家人享有舒适安乐的生活，可是其手法却是一厢情愿、一意孤行，处处展露出 2

号唯我独尊的傲气和霸气，结果反而让2号的伴侣倍感压力，从而产生逃离的念头。

心理学研究表明，人与人总是处在一定的空间距离的位置关系上，这种空间关系在特定的环境中传递着不同的心理感受，人们在友好时接近，在对立或关系疏远时保持一定距离。所有这些都说明：在审美活动中保持适当的空间距离是必要的，必须把空间的远与近有机地结合起来。爱情更是如此，要想维系一段甜蜜的爱情，必须要懂得营造彼此的“距离感”，才有吸引对方的美感。

有一位年轻聪明的女人，嫁了一位既能干又体贴的如意郎君，她心中的幸福自然是不言而喻。但是那位如意郎君却又极爱交游，和朋友在一起，他感到是一种鼓舞，一种力量。可每每兴犹未尽，便记起身后的家，感到家像一只手遥遥伸过来拽他的衣襟。

回到家中，有修养的妻子也并不十分责怪他游玩后的晚归，但那种不悦与忧伤却使丈夫的心中蒙上了一层阴影。疲惫的丈夫靠在沙发上，家还是那样明亮、清爽、舒适宜人，端来喷香、可口饭菜的妻子却一脸伤心。在丈夫埋头吃饭时，她流着泪说：“你还记得家呀！”于是丈夫忙不迭地照例解释，照例诅咒友人如何蛮横地挽留，末了照例保证不再发生类似事件。

丈夫也曾找机会对妻子说：“林子里树与树之间离得开点便长得粗、长得高。形影不离不应是夫妻的最佳境界，还是有点距离好。”妻子却噘起小嘴说：“听不懂你的歪理！”天长日久之后，妻子也明白了丈夫的喜好，于是鼓励他外出，但又很细心地叮嘱他注意安全。

因此，虽然每一次玩得很晚，但丈夫都会回到家里。

如果故事中的妻子一味地黏着丈夫，控制丈夫郊游的行为，久而久之，就会引起丈夫的反感，甚至可能激发夫妻间的争吵。长此以往，婚姻也将走到尽头。

在2号的亲密关系中，2号能够帮助伴侣发展，因为他们认为“如果对方获得了发展，他们也会激发我的优点”；但2号也容易成为伴侣的监控人，为了完全控制对方而给予伴侣过度的关怀，常常引起伴侣的反感。

由此可知，在日常的交往或共同生活中，2号的伴侣要帮助2号明白一个道理：即便是深爱的彼此，也需要给各自的内心留下一点缓冲空间，允许各自有一些时间和精力放在私人的事情上，不要过分地融入到彼此的生活领域里面去，那样只会让彼此产生被限制感。也就是说，伴侣要帮助2号消除他们内心的控制欲，学会欣赏距离美，才能为彼此塑造幸福甜蜜的爱情和婚姻。

## 2号人格的职场：不亲不疏，不畏不惧

### 多做情感沟通，2号会更加卖力工作

身为领导者，与2号员工相处时，要注意经常与他们保持情感上的沟通，因为2号员工总是留意身边人的情绪、情感并主动关怀，同时，他们也渴望得到身边人对自己情绪、情感的关注，并且渴望向身边人倾诉。因此，领导者如果能够保持与2号人格下属的情感沟通，就能够让他们感受到自己被关注和被爱的感觉，2号就会更积极地工作，为企业贡献更多。

因此，领导者要对2号员工优异的工作表现给予及时赞赏，对于他们偶尔出现的工作失误或业绩欠佳情况，要以鼓励的方式劝导他们专注自己应该完成的本职任务以帮助其提升业绩。毕竟2号人格下属之所以表现欠佳，往往是因为太过关注身边人的状态，并帮助后者处理事情，以致占用自己过多工作时间及精力造成的。因此，不断提醒2号人格下属关注本职工作，是对他们的有效帮助。这样做，也会让他们感受到被真正关注的价值感。

法国企业界有句名言："爱你的员工吧，他会百倍地爱你的企业。"一个不懂关心自己手下员工的管理者，他的企业永远不会成功。

成功学家拿破仑·希尔在小时候被所有人认为是一个朽木不可雕的坏孩子。在人们的眼中，他做的每一件事情都是错误的，以至于他形成这样一种习惯：任何时候只要他们发现有人做了一件令人感到费解的事，都会想到希尔。希尔从来没有得到人们的赞扬，甚至包括他的家人。

那么，希尔后来又是如何变得优秀，直到成为人们公认的杰出者呢？其实很简单，只是源于继母对他的肯定，对他的赏识。这给了他一种无形的力量，让他从自卑中走了出来。

希尔无论走到哪里，都是一位不受欢迎的孩子，他似乎永远与善良和温顺的品性无缘，以至于在他的母亲去世后，父亲当着继母的面会说："这就是拿破仑·希尔，他是所有孩子中最坏、最没有出息的一个。"他的继母是一位有着良好修养的人，她看得出来，希尔这孩子并不坏，恰恰相反，他显得比别的孩子更聪明。所以，在以后的日子里，他的继母非常注意发挥希尔的这种品性。

希尔以前从来没有得到这样的关怀，他的许多行为第一次得到了别人的赞许，他也第一次获得了一种宽慰与鼓励。在希尔成长的过程中，他的继母一直用她的爱心与信心塑造着一个全新的希尔。希尔也没有辜负继母的厚望，终于通过不懈的努力，成了一个不平凡的人物。

希尔的成功经历充分说明，既然一个继母能够通过关爱使得顽劣的继子走向成功，那么一个领导者也可以通过具有人情味的管理方式来帮助员工实现成长，帮助员工取得辉煌的业绩。

尤其对于不断付出并时刻期望认可和回报的2号员工来说，领导如果能够充满人情味地对待他，赞美他的付出，宽容他的失误，2号会更加卖力地工作，更加快乐地付出。这就意味着企业的业绩将进一步提高。

## 与2号员工相处时少谈私生活

2号具有极强的窥探欲，因为这能让他们更好地察觉他人的需求并给予满足。在这种窥探欲的影响下，2号十分善于观察他人的需求，因此他们能轻易分辨出：哪些人物是需要精心对付的，哪些人物是不用浪费时间的，即他们常常将身边的人分为有价值和无价值的两类人，对于有价值的人百般讨好，对于无价值的人则较少过问。

一个掌握2号员工职场生杀大权的领导者自然是2号需要极力讨好、精心对付的那一类人，因此2号员工不会放过任何一个可以搜寻有关上司情报的机会，会仔细留意上司在哪一方面出了问题，需要什么帮忙，若有所发现，2号会迫不及待地第一时间上前支持他，希望赢得上司的注意。

而且，2号对自己的魅力很有信心，他们在公众面前的形象是亲切、健谈、敏锐、洞察力强、以别人的感受为先等正面的。抱持有利于人际交往的自信心，他们往往可以向感兴趣的对象展现其特殊的吸引力，能在短时间内卸下别人的武装，用热情来融掉别人的防卫网，使得别人愿意开心地倾诉心底话。也就是说，领导者一般都招架不住2号员工的热心，常常不自觉地在2号员工面前透露自己的隐私，而这些隐私一旦泄露，极有可能损害领导者在公司的形象。2号尽管不是典型的“大嘴巴”性格，但他们可能会在无意中泄露了领导者的秘密，从而也为自己招致“杀身之祸”——轻则被“炒鱿鱼”，重则可能被绳之以法，追究法律责任。

因此，领导者要在和2号员工建立良好的感情关系基础上，多和他们做工作、业务上的交流，引导2号将自身强烈的窥探欲用在工作的探索中，而要尽量避免谈及彼此的私生活，这样也能避免落入2号员工的“精神控制”中。

## 给予尊重和认可，激发“我很伟大”

2号喜欢用付出来换取回报，从而达到他们操控他人的目的。由此看来，2号员工也是一个典型的权力追随者，只不过他们不像8号领导型那样直接追求权威，而是通过“服务者”的形象来扮演权威的幕后操控者。

2号认为，间接地参与领导要比直接面对对手的敌意和拒绝更轻松。因为通过扮演幕后操控管家的角色，2号能够自由观察，试探他人。他们在完全认同领导者安排的同时，也会在团体内部发展一个强大的内集团网络。对于2号来说，这是一个完美的权力位置。他们的建议决定了什么样的需求能够得到满足，他们能够帮助整个内集团，同时又能维护他们的自身利益。而且，在面对压力时，他们会让内集团的成员齐心协力，共渡难关。

面对这样的幕后操控者，领导者不得不忍让三分。只要领导者能给予2号员工足够的尊重和认可，给2号员工“我很伟大”的感觉，2号不仅会甘心屈居幕后的位置，还会全心全意地为领导者出谋划策，并调动2号所拥有的强大人脉力量，帮助领导者获得更好的发展。

周瑜是东汉末年东吴的名将，因其相貌英俊而有“周郎”之称。周瑜精通军事，又精于音律，江东向来有“曲有误、周郎顾”之语。可以说，当时战功赫赫的周瑜有“功高盖主”之嫌。

但周瑜的上司——东吴主公孙策却并没有因此而猜疑周瑜，依然十分信任他，保持着这段多年的真挚友情。即便是娶妻，孙策也没有忘记为周瑜考虑：孙策自己娶了“江东二乔”中的大乔，让周瑜娶了小乔。

当孙策去世后，年轻的孙权继位，依旧看重周瑜，让其执掌军政大事。正是孙权这位领导者对周瑜的信任，使得周瑜甘居人臣，并终能在公元208年，领导孙、刘联军在赤壁以火攻击败曹操的军队，此战也奠定了三分天下的基础。

现代职场中，如果一个领导者的身边出现了周瑜这样聪明能干的员工，往往会心存戒心，害怕对方发展的速度太快，危及自己的地位，因此，许多领导者选择了漠视或打压这些聪明能干的下属，却往往激起了这些下属们的反抗，引发了彼此的争斗，常常弄得个两败俱伤的下场。相反，如果领导者能够以包容、欣赏地心态看待这些聪明能干的下属，往往能够使其为己所用，达到“你好我也好”的双赢局面。

很多时候，2号性格的员工就具备周瑜那样强大的影响力，也具备领导者的才干，但他们更愿意享受幕后操控的乐趣，甘愿做领导者的管家，在背后为其出谋划策。如果领导者不想失掉一个好帮手，多一个强大的敌人，就要懂得适时认同和赞美2号的付出，给予2号希冀的伟大感。

## 2号上司：谁听话就喜欢谁

职场上，大多数老板都喜欢听话的员工，尤其是2号。这是因为2号的性格中往往有着较强的控制欲，他们希望通过付出的方式来赢得别人的认可，并据此达到他们操控他人的目的。因此，2号上司的管理方式往往是：谁听话我就喜欢谁。

如果你的上司是2号，你只要尽量服从上司的安排，就能讨得上司的欢心，让他喜欢你，并提拔你，为你提供更好的福利。相反，如果你面对2号上司的安排，总是持不满意见，据理力争，表达你自己的想法，就会给2号上司留下一个“你不听话”的坏印象。要知道，2号最讨厌别人拒绝他的帮助，当一个下属拒绝2号上司的安排，2号上司就觉得这个下属辜负了他的好心，就会变得冷酷起来，即便不会故意刁难这个下属，却也是常常采取忽视的态度。

赵鞅是春秋后期晋国卿大夫，六卿之一，赵氏大宗宗主，他有两个儿子，长子赵伯鲁，幼子赵无恤。眼看着自己年事已高，赵鞅想从两个儿子中选定一个继承人，但两个儿子各有优势，他一时间也难以做出选择。

后来，赵鞅想到了一个办法：他找人在两块竹简上，刻了一段普通训诫的话，然后分别教给两个儿子研读收藏。赵鞅还对两个儿子吩咐说：“要切记在心！”

三年之后，赵鞅对两个儿子考问竹简上的内容，长子赵伯鲁张口结舌，忘了个精光，而且连竹简也无影无踪；幼子赵无恤却背诵如流，而且当赵鞅问他要竹简时，幼子立刻从袖子里掏出来。于是赵鞅对赵无恤留下深刻印象，指定他当继承人。

故事中的赵鞅具有典型的2号性格者的行为特点——控制欲强。在赵鞅看来，赵无恤能背诵出训诫，且能当即抽出竹简，说明赵无恤是听话的，是容易控制的。相反，赵伯鲁背不出训诫，说明他并没有把父亲的话放在心上，由此可见他对父亲缺少忠诚度。因此两相比较，赵鞅自然会选择听话、易控制的赵无恤来做继承者。

当然，听话并不是要员工绝对遵从2号老板的安排，不是叫你当2号老板的应声虫，他叫你往西你就不敢往东，而是在尊重2号老板、尊敬前辈、遵守工作条规的前提下，不断自我精进，认真打拼。

## 不“畏上”，与2号上司侃侃而谈

2号领导者十分注重人际关系，因此他们喜欢和员工经常沟通，以了解员工的工作状态、自我提升方向，才能尽力满足员工需求，帮助员工成长。总之，他们希望自己和员工维持一种近乎朋友的感情——友好、亲切。然而，许多人有“畏上”情绪，总是害怕和上司沟通。这种情况多发生在一些初入职场的年轻人身上，以年轻女白领最为突出。这样，你容易给2号一种“我不被认同”的感觉，而渴望回报的2号就会选择忽视你，转而关注那些认同他的员工。

彭莉在公司干了五年多，她做事认真细致，和同事、下属关系都很融洽，却一直没有得到晋升，为此，她很苦恼。好朋友帮她分析，认为是她惧怕老板的心理导致的。

在公司里，彭莉总是很惧怕领导，不管是部门主管，还是行政经理，她几乎都很少交流。尽管她十分欣赏她的领头上司，认为他敬业、有才华、对下属负责，但她不知为什么一见上司就底气不足，对和上司沟通的事能躲就躲。

有一次，因为她没有听清楚上司的意思，又不敢去向上司请教，就导致上司交给她的工作被耽搁。事后，上司问她："为什么你不过来再问一声？"

她说："怕你太忙。"

上司很生气："我忙我的，你怕什么？"

从那之后，彭莉就更害怕和上司沟通了，只要她一和上司沟通，就紧张得不得了，甚至会脸红、心跳、说话不流利。上司看见她这样，也就很少和她单独沟通。

一次晋升的机会来临了，彭莉很想拥有这个机会，但又犹豫了，因为升职后的工作会面临比较复杂的关系，需要经常和上司保持交流。她觉得自己天生怕领导，可能胜任不了。而她的上司也认为彭莉难当大任，就将晋升的机会给了另一个同事，其实那个同事的能力远远不如彭莉。事后，彭莉后悔不已。

彭莉的这种心理，代表了许多身在职场的女性的心理，尤其是刚刚工作不久的女性，特别喜欢和上司玩"藏猫猫"的游戏。不过，即便你再腼腆，如果迎面碰上了顶头上司，也一定要鼓足勇气主动开口说话。不管出于什么目的，和顶头上司玩"藏猫猫"的游戏绝非明智之举，要知道，他可是掌控你"生杀大权"的人，从任何角度来说，多和他沟通交流对你的职业发展都是有益无害的。对于希望得到他人认同的2号上司尤其如此。

因此，见到2号上司时，最好面露微笑，落落大方地和他打声招呼，有机会的话，不妨多和他谈谈工作上的事情，让他知道你的想法、看到你的努力，一来表明你很懂礼貌，二来说明你对工作很上心，三来他兴许会提供一些很好的建议给你……简单地说上几句话就有这么多好处，何乐而不为呢？而且，对于喜欢帮助他人的2号上司来说，你经常和他接触的行为就是对他最大的认同，也是他最大的快乐。

## 2号人格的性格：给予就是快乐

### 他人的肯定，是最好的答案

2号关注他人的需求，乐于助人，特别是对于那些对自己至关重要的人物，2号会有一种牺牲自己来为之服务的精神。因为2号希望通过自己这种乐于奉献、敢于牺牲的关爱行为让身边人感觉到自己的存在对他们来说至关重要，也就是说，2号希望身边人因为自己的关爱行为而需要自己，这能让2号产生存在的意义。这意义也就是2号一切行为的能量来源，如果他人不需要自己或对自己的付出视而不见、听而不闻，2号就会觉得自己毫无存在的价值。

许多2号或许会承认自己给予是为了获得，但他们并不认为自己依赖他人，反而认为自己是独立的，是被人依赖的，因为他们认为给予者的位置是高于接受者的，正如水只能从高往低处流一样。2号之所以会有这样的想法，很大程度上是因为他们整天忙着关注他人的需求，而忽略了自身的需求，也就无法认识到自己内心深处潜藏的依赖感。他们意识不到自己也在依赖着别人，因为他们付出的目的是寻求他人对自己的赞许和认同。他们对自己的感觉靠得到外界反映如何而定，而且，只有在别人的注目下，2号才能感觉到自我，甚至在自己获得了人们的注意时，才能够界定自己是谁。总之，2号靠他人的肯定来生活，靠他人的肯定来确立自我认识，也就是说，他们依赖于这种肯定的回报。一旦不再被他人需要，脱离他人的关注，2号就会感到自己存在的价值被抹杀，空虚感便油然而生。

要摆脱这种潜藏在内心深处的依赖感，2号需要明白：博得好感和被人爱戴完全是两回事。要被人爱戴，就必须自立。可大多数2号却误以为自立意味着不再被人爱戴。因此，他们总是避免谈到有损自己形象的话题，只想向对方展示好的一面，可这并不能使他们获得真正的尊敬或爱戴，仅仅算是博得了好感。

而且，每个人对人生和世界的看法都不尽相同，2号想要满足所有人的需求，达到世人眼中的标准是不大可能的，那意味着你无论做什么都要合乎别人的眼光和标准，这样就会完全迷失了自我，变成了他人思想的傀儡，这绝不是生命的真义。因此，2号需要更多地关注自我，培养独立进取的好性格，不必担心自我思维的偏差，不要介意他人的流言蜚语，你才能改掉看人脸色行事的毛病，才能真正地使自我得到发展。

## 以心换心，给2号回应

每个人都有被别人尊重的需要，在赢得别人认同的同时，人们也会获得一种心灵上的满足感与成就感，这能使人们感受到自己存在的价值。但极度渴望得到别人认同的人则是缺乏自信，虚荣心较强的人，他们在生活中并不是以是否获得成长为主要追求的，而是以一种外在的标准，如取得一种地位，得到长辈的认同为目标。2号性格者就正是如此。

2号喜欢帮助别人，因此他们大部分时间都把注意力放在他人身上，留给自己的却很少，因此，如果2号开始把注意力转移到自身，往往会产生焦虑感。虽然这种注意力转移能够让他们发现自己的真正需求，但这还是有违于他们的习惯，让他们无法获得情感上的安全感。这是因为2号害怕内心中并不存在真正的自我，可能身体的中心不过是一个空洞，因此对于2号来说，将注意力转移到自身，并不是一件多快乐的事情，反而可能让他们觉得痛苦。

究其原因，2号这样用他人的需求束缚自己，是因为他们并非真正的无私奉献，在他们积极热情的付出背后，是渴望认同、渴望回报的本质。正是因为这种回报，让他们产生了依赖感；而这种依赖感，让他们失去了感觉的自由。当他们必须单独行动时，他们就没有了依赖，会变得焦虑不安，尤其是这种行动很可能有违他们喜欢的人的心愿时，2号总是害怕因为违背对方的心愿，导致永远失去对方的爱。也就是说，他们害怕没有回报，害怕不被认同，所以不能停止付出。

然而，一旦2号独处的时候，他们就不得不将注意力转移到自己的内心，更容易发现自己的需求，从而满足自己的需求，这时候，他们往往能充分感受到自由的快乐，这也就是2号的高层心境。但当他们处于人际关系中时，他们向外寻找认同感的思维模式还是会驱使他们以他人的需求为先。

## 活在他人眼里，不如活在自己的精彩里

2 号喜欢与人相处，并希望每一个人都能喜欢自己，他们认为“放弃重视他人的意愿，自己独立，这样无法得到别人的爱”。对于他们来说，能够被他人夸奖和感谢，就心满意足了。为此，他们建立了一套灵敏的“雷达”系统，以便能够迅速探测到他人的情绪和喜好，并据此调整自己的感情去适应他人，甚至会强迫自己改变习惯，被迫放弃自己的需要，来换取他人的关爱。

为了迎合他人，2 号习惯根据不同的对象来演绎出不同的自我，这一方面为自己赢得了好人缘，但另一方面也容易使他们在多角色的转换中迷失自我，看不清自己的本来面目。也就是说，2 号过于关注他人的需求，而忽视自己的需求，因此当他们想要关注自己需求时，常常产生困惑，看不清自己的需求。这是因为随着自身融入周围人的要求，2 号会忘了自己的真实感情。或者说，2 号为了迎合他人而迁就别人，就无法展现真正的自我，到头来，被对方接受的并不是真正的自我，而 2 号本希望被接纳的是真正的自我，可这种需求由于自我的“误区”而难以实现。

因此，许多时候，2 号也会感到自己的迎合似乎有点愚弄他人的成分，甚至有时也会有欺骗他人的罪恶感。这种迎合有时也会成为他们的负担，因为他们的内心并不情愿牺牲自己的真实需要。这时，他们就想要将自己投放到他人身上的注意力收回，转移到自己的内心中来。但同时，根深蒂固的付出性格阻碍了他们追求自由的行动，他们相信自己的行为是对他人的一种爱，如此一来，他们更加拼命地讨人喜欢，忘掉了自己的欲求。此时，他们的内心就处于矛盾之中:

到底该满足自己的需求还是满足他人的需求。

2号要想消除自己迎合他人所带来的罪恶感和自我迷失感，就要更多地关注自身的需求，不要活在他人的眼光中，要为自己的精彩而活，为自己的蓝图而拼搏。只有这样，才能永远做自己命运的主人，拥有一个快乐而又充实的人生。

## 用爱来控制他人

在许多人眼里，2号心中充满大爱，他们不求物质回报，总是毫无保留地给予别人帮助，包括智慧、金钱、财物，他们默默承受，无私奉献，你成功，他快乐，他们简直就是生活中的活雷锋。但如果你因此认为2号是完全不图回报的人，那就错了，2号其实是在遵循“先付出后收获”的原则，希冀用爱来束缚你，使你自觉地知恩图报，满足他的需求。

爱不是一种愉悦的感受吗？为什么“爱”会带给人痛苦或者悲剧呢？从心理学的角度讲这其中就有一种控制在里面——因为爱你，所以要控制你的言语、行为，把你雕塑成一个完美的人，这个完美的人实际上是雕塑者自己心目中的完美形象，但却不是你，这可谓是天底下最难以揭穿的欺骗。

由此，看似在不断付出、给予的2号其实有着极强的控制他人意志的倾向，他们常常表现太过亲切，有时会多管闲事。他们有时会自以为是地硬要介入别人的生活中，在帮助别人或服务别人时，也有沽名钓誉或用爱来控制别人的行为出现。如果对方没有感谢自己的付出，他就会变得歇斯底里，不但会责难对方，也会想办法让对方向自己表达谢意，甚至说些巧言令色的话，强调自己的贡献，试着控制他人。当别人抗拒时，他们便会为自己的“无私”奉献暗地叫屈，继而生起骄横无理的气焰和嫉妒心，变得歇斯底里，更想进一步操控他人，这无疑是剥夺了他人独立自主的权利。但他们并不自知，他们认为那只是附加价值，并不是自己故意要这么做的，所以他们仍旧打着爱的名义，在爱的面具下，把自己定义成绝对的善良及绝对的无私，以消除自己偶然的罪恶。可以说，2号用付出、用他们的大爱来实现控制。

如果2号不懂得自己这些打着爱的旗号进行的控制行为给别人带来的痛苦，不懂得收敛自己的控制欲，结果往往会带来失败的婚姻、紧张的人际关系和扭曲的心灵，自己也异常苦恼。相反，如果2号懂得校正自己的行为，适度控制，就能在生活中进退自如。

## 让谦卑多一点，再多一点

尽管2号常常以他人的需求为先，但那是建立在从高而下的施予角度上来看。也就是说，2号在帮助他人时往往是把自己定位在一个比他人高的位置。因此，2号的需求与他人的需求冲突时，他们就不再有什么“绅士风度”，而是拥有极强的自我优先感。

2号看似做着一个甘于服务众人的谦卑者，实则不然，他们内心无时无刻不为自己骄傲，不过他们总是将这骄傲巧妙地掩藏起来，因此许多人才会觉得：2号多么谦卑啊！而且，许多2号自己也没有意识到自己的骄傲。

一个2号性格者曾这样描述自己：

“每到周末去大型平价超市购物，都让我十分痛苦。超市里的人实在太多了，常常使摆放商品的通道里拥挤不堪，而且嘈杂不堪，难以使人静下心来挑选东西。而且，到了结账的时候，每个收银台前都排起了长长的人龙，往往要等上半个小时甚至一个小时之多，有时候我真恨不得自己成为电影中的超能力者：手臂一挥，就能把前面的人群扫开，那我就可以直接结账了。”

2号为什么讨厌排队？因为这让他们觉得自己没有优越感，甚至可能感觉自己不如别人，他们期望的是一种以自己为中心的世界。那些和2号相处过的人们会告诉我们：2号确实是每天都忙着为我们提供服务，但是他们提供服务的出发点在于他们自己，他们只是按他们的想法来设定我们的需求，并满足这些他们认可的需求，而从来不管我们需要不需要。如果我们拒绝他们的服务，他们就会感到难堪，就会觉得我们是“狗咬吕洞宾，不识好人心”，甚至可能对我们发脾气。

究其原因，是2号内心深处的自我优先感即骄傲情绪作祟，如果2号能够更多地关注自己的内心，无论从主观上还是客观上来看，都能有效降低2号内心的自我优先感，增添多一点谦卑的情绪，也能帮助自己更真实地看待世界及自己，从而为自己赢得更好的发展。

## 2号人格的交往：感性做人，理性交往

### 与2号相处时，让他多谈自己

每个人都需要安全感，当我们一时受挫或意识到自己是一个人的时候，比如当我们遭遇学习成绩差、工作拖延低效、年老多病、失业、

悲观抑郁、家庭暴力、拥挤等现象时，往往会格外渴望得到温暖，而那些不愉快的往事却不断在脑海中闪现，带给我们更深的恐惧感，这种状态就是人们常说的“无助”。无助之所以产生，是因为人们对自我的存在价值产生怀疑，或者说感到自己是毫无价值的。因无助而产生的绝望、抑郁和意志消沉，成为许多心理和行为问题产生的根源。

2 号性格者因为过于关注他人的需求，在乎身边人的感受，认为付出才有价值，因此他们总是希望通过自己的努力和付出使周围的人，尤其是自己关心的人变得更好一些，生活得更舒服、更快乐一些。也就是说，他们总是将别人的需求置于自己之上，因此才经常说出“我无所谓”的话来。

当 2 号一个人独处，他被迫要关注自己内在的需求时，往往会感到迷茫、无助：“我从来不知道怎样表达自己的需要，偶尔我尝试关照自己的内在感觉，它竟然是空空荡荡的，尤其是没有人在我跟前的时候。”面对这种空虚、无助，2 号本能地想去逃避，这使得他越发不了解自己，越发找不到更无法满足自己的需求，内心的无助不仅不会消失，反而会逐渐加深，这就越发会迫使他们关注他人的需求，以期用外在的价值来定位自己的内在价值。

人们在与 2 号交往时，总会发现，本来是谈 2 号自己的事情，结果谈着谈着就谈到你身上来了。如果你和他们说话，整个过程中他们多半是在谈你或别人。即便你试着把 2 号的思维拉回到他们自己那里，但谈着谈着，他们又不自觉地开始谈论起你或者他人。总之，2 号因为不关注自己的需求，因而在谈话中不怎么提及自己。然而，沟通是一次信息互换的过程，如果只是单方面给出信息，则算不得成功的沟通。

因此，人们在与 2 号相处时，不仅要对 2 号的付出给予及时、充分的肯定，更要鼓励他们多谈谈自己，帮助他们更多地关注自己内心的需求，才能在一定程度上消除他们内心的无助感。

## 学会随时随地感谢 2 号

无论是哪一型的人格，都希望自己的付出有所收获，因此，这就决定了每一个人都应对他人的给予表示感恩。其实感谢的力量在人际交往中举足轻重。无论是你对别人说，还是别人对你说，你都能体会到它的重要性。“谢谢”不仅仅是一句客套话、一句礼貌用语，它已经成为人们心灵沟通的润滑剂。

而 2 号的付出看似无私，其实他们在本质上渴望对方的回报，如果得不到对方的回报，他们就会怀疑自己付出的正确性，甚至会迁怒对方，认为对方是“忘恩负义”之人。

在一辆拥挤的公交车上，一位站着的女士捂着头，表情似乎很痛苦。见此情景，坐在该女士旁边的一个小伙子站了起来：“这位大姐，您是不是不太舒服？要不您来坐这吧。”

这位女士什么也没说，一屁股坐在了那个位置上，然后拿出了手机开始和朋友褒起了“电话粥”。

小伙子的同伴气愤不过：“大姐，人家给你让座，你怎么连句谢谢也没有啊？”

这位女士瞥了小伙子的同伴一眼：“他自己愿意让座给我，你管得着吗？”

小伙子火了：“大姐，既然你没事，那就把座位还给我吧。”

女士惊了：“什么？”

小伙子：“我这个座位是让给生病的人坐的，既然你能中气十足地打电话，说明你健康得很，不需要我给你让座了，请你起来！”

旁边的人也开始窃窃私语：“是啊，连句谢谢都不说，就不该给她让座。”

这位女士羞愧得满脸通红，讪讪地站了起来。

诚然，该小伙子的行为是有些过激，但这确实是注重他人感恩的2号性格者可能会做的事。

每一个人都需要明白：没有人有为他人提供帮助的义务。因此，当别人提供帮助的时候，我们应当心怀感恩，及时地感谢别人，才会让人帮助你之后心里舒服。否则，别人热情的帮助没有得到肯定，那么，他的积极性一定会大受挫伤，所以也会逐渐疏远你。对于以他人的感谢为自我价值评判标准的2号来说，更难以忍受被忽视的痛苦，这常常会引发他们的怒火。

因此，针对2号的这种性格特点，我们要注意对2号的帮助及时表示感谢，并在自己力所能及的范围内给予一定的回报，这样才能维系彼此友好的关系。

此外，感谢还要针对对方的不同身份特点采取相应的方式。老年人自信自己的经历对青年有一定的指导作用，青年人在表示感谢时就应感谢对方言行的效果：“谢谢您，您的这番话使我明白了许多道理……”这会使老年人感到满足，并对你感到满意，他们会认为：这个小青年修养很不错，孺子可教。女人常以心地善良、体贴别人为自己独特的人格魅力，因此在感谢时，说“你真好”就比“谢谢你”更好一些，说“幸亏你帮我想到了这点”就比“你想到这点可真不容易呀”要好得多。总之，当你学会随时随地感谢2号的帮助，你就能和2号建立友好的关系。

## 有求于2号时，无需拐弯抹角

人际交往中，我们免不了要求人办事。作为求人者，大多数人碍于面子，害怕被拒绝，因此往往不敢直接开口，不是借第三者传话，就是说话绕圈子，常常听得被求者莫名其妙，由此耽误了解决问题的最佳时机。

如果你所求之人是2号性格者，大可不必采取拐弯抹角的求人方式，而应直接对他们说出你的需求。因为2号渴望给予、付出，他们认为被人需要是一件值得高兴的事情，这是证明自己存在价值的时候，他们不仅不会拒绝，反而会全心全意帮你办事，他们的付出甚至远远超过你的需求。

而且，2号性格者善于观察他人，他们往往具有极强、极敏锐的观察力，他们可能比你更清楚如何满足你的这些需求。形象点来说，他们是天生的“护士”，擅长于按病情的轻重缓急分送救治，当大祸临头时，他们知道如何安排事情的优先顺序，并且总是能保持冷静。

一次，雷锋从安东（今丹东）回来，又要在沈阳转车。他背起背包过地下通道时，看见一位白发苍苍的老大娘，拄着棍，背了个大包袱，很吃力地一步步迈着腿，雷锋走上前去问道：“大娘，您到哪里去？”

老人上气不接下气地说：“俺从关内来，到抚顺去看儿子呀！”

雷锋一听跟自己同路，立刻把大包袱接过来，用手扶着老人说：“走，大娘，我送您到抚顺。”

老人感动极了，一口一个好孩子地夸他。

进了车厢，他给大娘找了座位，自己就站在旁边，掏出刚买来的面包请大娘吃，一路上还和大娘唠起了家常，从中得知大娘的儿子是工人，出来好几年了，而大娘这是第一次来看儿子，还不知道住在什么地方哩。说着，掏出一封信，雷锋接过一看，上面的地址他也不知道。老大娘急切地问雷锋："孩子，你知道这地方吗？"虽然不知道地址，但雷锋知道老人找儿子的急切心情，就说："大娘，您放心，我一定帮助你找到他。"

下了车后，雷锋替大娘背着行李，一边搀扶着大娘，一边手拿着地图寻找信上的地址，他们边走边问了两个多小时，才最终找到大娘的儿子。

大娘一见到儿子，就对儿子说："多亏了这位解放军，要不然，还找不到你呢！"母子一再感谢雷锋。雷锋却说："谢什么啊，这是我应该做的。"

雷锋同志是中国家喻户晓的全心全意为人民服务的楷模，也是典型的 2 号性格者。他作为一名普通的中国人民解放军战士，在他短暂的一生中却助人无数，也让助人为乐的"雷锋精神"激励着一代又一代人学习。

生活中的 2 号性格者往往就是一个个"雷锋"，时刻关注着他人的需求，并以满足他人需求为乐。因此，面对喜欢助人为乐的 2 号"雷锋"们，不妨直接开口求助，这往往能让你的困难得到迅速解决，也能让 2 号感到自身的价值得到了体现，如此两全其美，何乐而不为？

## 委婉拒绝是一种策略

2号性格者在帮助别人时，往往是从自己的立场出发，来推测他人的需求，因此，他们常常会遭遇“好心办坏事”的尴尬。从心理学的角度来分析，这是2号内心深处那种强烈的控制欲在作祟，是他们试图通过帮助他人来达到对他人“精神控制”的典型表现。

而作为被帮助者，往往是有苦难言：一方面他们难以招架2号的热心肠，另一方面自己又确实不需要2号的帮助，对2号的“精神控制”实在是吃不消。然而，如何拒绝2号的热心，又不伤害2号的自尊心，确实是一件伤脑筋的事情。

有一个人很喜欢研究生物，很想知道蛹是如何破茧成蝶的。有一次，他在草丛中玩耍时看见一只蛹，便带回家，日日观察。几天以后，蛹出现了一条裂痕，里面的蝴蝶开始挣扎，想破壳而出。艰辛的过程达数小时之久，蝴蝶在蛹里辛苦地拼命挣扎，却无济于事。这个人看着有些不忍，想要帮帮它，便随手拿起剪刀将蛹剪开，蝴蝶破蛹而出。但没想到，蝴蝶挣脱以后，因为翅膀不够有力，变得很臃肿，根本飞不起来，之后，它便痛苦地死去了。

破茧成蝶的过程虽然非常痛苦与艰辛，但只有付出这种代价才能换来日后的翩翩起舞。外力的帮助，反而让爱变成了害，违背了自然规律，最终让蝴蝶悲惨地死去。自然界中这一微小的现象放大至人生，意义深远。这对一味地希望帮助他人的2号也是一个警醒，对被2号帮助的人们来说更是一个深刻的教训。要想谨防2号的“精神控制”，人们就要在看出2号提供的帮助与人们自身的发展相违背时，适时拒绝，以避免在2号的“精神控制”下遭遇“好心办坏事”的悲剧。而为了顾及2号的面子，不伤及2号的自尊心，人们又不应直接拒绝，而要尽量采取婉转拒绝的方式，既要表明对2号提供帮助的感激，更要让2号觉得收回他们的帮助其实是更好的一种帮助。

总之，委婉拒绝2号的帮助不仅是一种策略，也是一门艺术，只有做到这点，才能避免双方遭受2号“精神控制“的荼毒：避免自身的损失，也在一定程度上促使了2号更清醒地看待他人的需求，从而促进他们的自我提升。

## 与2号建立起感性关系，易获得认可

2号性格者往往倾向于感性做人，因此，2号在与人交往中往往带有较浓的感情成分，私人情义的价值超过社会公共规范，使得交往双方彼此信任，彼此的关系也十分稳固。因此，人们在和2号接触时，也要注意和2号建立起感性关系，建立私人间的情谊，这样更容易获得2号的认可，也能优先获得2号的帮助。

其实，人们不仅要在和2号的交往中注重建立感性练习，在和其他人格类型的人接触时也要尽量建立私人情感，从朋友做起，才能使得彼此的关系越来越稳固。

小美是一家著名房地产公司的市场部推广经理，她接触的人大都是事业有成甚至小有名气的客户群。按理说，这样的条件和环境，拓宽自己的人际圈，增加成功的几率应该是不费吹灰之力的事情。

但实际与理论总是有差距的。几年下来，小美的名片盒里有大把交换来的名片，手机、笔记本电脑、记事本里都存满了各种客户的联络方式。在各种社交商务场所，她应酬得八面玲珑不亦乐乎。看似热闹，但背后的孤独也许只有自己才知道。除了工作上的联系，她在这座城市里的朋友并不多，甚至找男朋友都是一个难题。遇到事情需要帮忙的时候，抱着几大本名片，却实在想不出会有谁肯帮忙。想要倾诉的时候，却不知道该向谁诉说。每周约会很多人，但没有一个是可以说话的知心朋友。每天都会认识很多新的人，但绝大部分都只是一面之缘，下次有事需要联系的时候跟陌生人没什么两样。因为那些通过工作认识的朋友都是有利益关系的，抛开这层关系便什么都不是。

如果没有了联系人际的那颗心，就会像小美这样，所有繁忙的人际留下的也只是喧嚣背后的孤独无依。在腾讯网的一次调查中，15068 个受访者中，87.5%的人有类似“熟人越来越多，朋友却越来越少”的感觉。

保持距离，虽能保护自己，却也注定永远寂寞。如果我们不交出真心，又怎能得到真心呢？凭借出色的交际手腕和三寸不烂之舌，可以让很多人成为“认识的人”，但并不一定找到很多“贵人”。

而对于一贯注重感性关系的 2 号给予者来说，他们每天要帮助的人实在太多，如果你不能和他建立起私人友谊，他可能就感受不到你的回报，你就难以优先获得他的帮助。

# 第三篇
# 解密 3 号人格：把世界看作赛跑

3 号实干者追求成功，重视名利，喜欢出风头，渴望获得鲜花和掌声。他们倾向于把世界看作一次赛跑，在这次比赛中他们要求自己必须有优异的表现，因为他们认为，一个人的价值是以他取得的成就和社会地位来衡量的。因此，他们往往充满自信、喜欢竞争、喜欢做第一的“工作狂”，他们的宣言是：我必须是优秀的，我所做的每件事都必须成功。

# 3号人格的生活：做多过于说

## 3号须知：爱不是成就

爱情中，3号愿意透过追求实质可见的成果来表达自己对家庭的热爱、对亲密关系的忠诚，为了实现他们心目中的完美家庭，他们会周详地开列一整套计划：如何教养孩子、提高家人的物质和精神生活水平、增加家庭的收入和幸福、为亲爱的人谋求保障……这些将爱物质化的行为其实是对爱的误解。也就是说，3号认为爱是一种成就，他们关心“我能拥有多少幸福”，特深信幸福的生活能够按照自己的方法一步一步经营出来。

在这种“爱是成就”的心理影响下，3号十分热衷于扮演“完美情人”的形象，因为这能极大地给予他爱情的成就感。3号喜欢在伴侣的家人和朋友面前表现得非常尊重伴侣、宠爱伴侣、支持你伴侣，努力给他人一种“好男人／温柔贤惠的女人”的美好形象。3号喜欢和伴侣在他人面前“秀”甜蜜、“秀”幸福，这是3号人格特征中注重形象以及渴望他人之认可的本质所致，也就是说，3号人格认为自己的幸福本身也是自我价值体现的一种表现，也需要别人的鲜花掌声。

金庸小说《笑傲江湖》中岳不群有“君子剑”的美号，他的言行举止，无不得体大方，处处退让，能忍受别人所不能而保持风度。他经常告诫弟子“时时记得仁义为先，做个正人君子。”他不近女色，夫妻感情甚笃，结婚十多年仍师兄、师妹相称，相敬如宾。从这些行为来看，岳不群可谓当之无愧的“完美情人”。但是，“完美情人”只是他扮演的角色，他真正的本质并非如此，真正的那个他能够为了自己的利益而牺牲妻女，是个十足的“伪君子”。

可见，3号在长时间扮演“完美情人”后，不仅不会真正成为完美情人，反而会因为外在行为与内在需求的冲突而崩溃，做出损人利己等极端行为来。同时，3号的竞争心态在情感交往上就会演变成很强的嫉妒心理，他们非常紧张自己的伴侣与其身边的异性相处很好的状态。此时他们总是有意无意地在别人面前展现自己优秀、光鲜的形象，并以此来PK那些异性，直到他感觉自己占到上风为止。

因此，作为3号的伴侣，你需要帮助3号认识什么是真正的爱，诚如《哥林多前书》所说：“爱的真谛——爱是恒久忍耐，又有恩慈；爱是不嫉妒，爱是不自夸，不张狂，不做害羞的事，不求自己的益处，不轻易发怒，不计算人的恶，不喜欢不义，只喜欢真理，凡事包容，凡事相信，凡事盼望，凡事忍耐。爱是永不止息。”总之，爱不是一种成就。当3号明白了这点，才能做回真正的自己，和伴侣一起享受幸福的爱情。

## 对3号的新想法予以支持

爱情中，3号会将构建幸福之家以及让伴侣时刻感受到甜蜜当作是自己的目标，并把这目标的实现看作是自己能力或价值的体现。也就是说，当3号陷入爱情时，他们会把自己的一切奋斗都归结于实现幸福家庭的目标上。因此，3号的伴侣要懂得赞赏和感恩3号为了取悦自己以及营造一个幸福、甜蜜的家庭环境所做的努力。而且，3号期望付出的同时也能收到回报，所以他们倾向一种双向的恋爱方式，渴望从伴侣身上得到体贴、关怀和慰藉。

汽车的发明者卡尔·本茨在1886年1月29日获得三轮机动车的专利后，到1888年时已经制造了三辆汽车，但没有一辆真正地进行过长途旅行，而是只在他居住的曼海姆郊外做过几次短途行驶。人们看到这一局限性后，没有人愿意掏钱购买，本茨一家的经济状况也因此陷入困境。卡尔开始考虑放弃自己的计划，专心于他已经获得专利的发动机的研究。

但卡尔的妻子贝瑞塔坚信丈夫的研究一定是正确的，只是需要经过长途旅行的试验，而当时没有人愿意尝试这次旅行，贝瑞塔决定亲自上阵。于是，在一个普通的夏日清晨，贝瑞塔给丈夫准备好早餐，留下一张便条，便与两个儿子开始了他们的计划——驾驶汽车回到自己的家乡，去孩子外婆家。那辆不健全的新生儿一般的汽车，加上谁也不认识路的障碍让他们吃了不少苦头。在经过100多公里的旅程后，贝瑞塔和两个儿子终于抵达了目的地。她做的第一件事就是给丈夫发了一封电报，“我们平安抵达”。贝瑞塔驾驶汽车远行的消息迅速在全国传播开来，也证明了本茨的研究方向没有错，汽车最终将成为人们的代步工具，并可用于长途旅行。他们开始收到来自各地的订单。销售量一再攀升。几年后，这一家族企业最终变成了世界知名的汽车制造商。

正是妻子贝瑞塔·林格的支持成就了丈夫卡尔·本茨的发明。诚如卡尔·本茨在他的回忆录中写道：“在那段岁月中，当我们的生活之船遇到礁石的时候，有一个人一直坚定地站在我的身边，她就是我的妻子。她是如此勇敢，是她为我点燃了希望之烛。”对于渴望成功却害怕失败的3号来说，他们更需要获得伴侣的支持，以使他们时刻自信，拥有十足的干劲去追求成功。

因此，作为3号的伴侣，你要懂得赞赏他们的付出，感谢他们为自己的幸福所做的一切就相当于对3号人格伴侣的回应，他们也会因此干劲十足。最有效的表达赞赏与感恩的方式就是当3号人格伴侣产生新想法或制订新目标时，要给予他们大力的支持，并发自内心地与他们一起为此兴奋。因为他们的最终目的都是为了营造幸福之家。

### 用温柔体贴来抚慰3号

3号对成功的欲求很浓烈，在为成就与声望打拼的过程中，很需要伴侣与自己共历艰苦，只要伴侣一句温柔的慰问，他们便可恢复精神，继续奋斗。尽管3号不关注自己的内心情感，也不懂得表达自己的情感，更不擅长用肉麻的语言表达情感，但是他们“情感饥饿”的内心还是非常渴望伴侣能够温柔、体贴地向他们表达，并会享受在这份甜蜜之中。

3号渴望成功，这使得他们具有较强的掌控欲，因此他们往往将自己视为家里的顶梁柱，总在不断为营造一个幸福的家庭努力奋斗。然而，由于他们不关注内心情感，又因为极度渴望成功可能有些急功近利，容易因忽视细节而导致失败，这时的他们内心往往十分脆弱。然而，为了在伴侣面前维护一贯的成功者——坚强形象，他们又不能将内心的脆弱通过哭泣、唠叨等方式发泄出来，这更加深了他们内心的压力和抑郁。这时的他们，其实特别需要伴侣的理解与呵护，特别需要伴侣用温柔体贴来抚慰自己内心的疲倦和伤痛。

有一年的圣诞节，文丽下班后立即去超市买了肉排和鸡蛋，然后到外面的小型菜市场买了新鲜的蔬菜，回到家里开始做一顿丰富的圣诞晚餐，希望能给丈夫一个惊喜。

然而，丈夫进门低头换鞋，放包，然后换衣服……最后才走到文丽身边，象征性地打了个招呼："做了这么多菜？"看起来心情一点也不好，没有一丝兴奋的迹象。文丽顿时感到自己是"热脸贴了冷屁股"，情绪也一下子降到了低谷。

两人边吃饭边看电视，谁也没说一句话，这种压抑的气氛让文丽很是火大，特别想摔碗走人，但转念一想："他今天这么沉默，可能是在工作中遇到了什么烦恼。不管怎么样，他总比那种在外面受了气，然后回家找女人撒气的男人好一点吧。"于是文丽忍住了怒火，继续默默地吃饭，还不时地为丈夫夹菜。

吃完饭后，丈夫玩着遥控器，不停地换台，文丽去洗碗，等她洗完碗，丈夫已经到卧室上床躺下了。文丽在丈夫身边躺下，丈夫突然搂住了她："老婆，对不起，我今天很烦，没有陪你过一个快乐的圣诞节。今天拌的沙拉味道很不错哦！还有……嗯……猪排，也有进步！谢谢你！老婆！"

许多时候，3 号就会像故事中文丽的丈夫一样因为过度追求成功而感到心理疲劳，内心十分空虚、脆弱，特别需要伴侣温柔体贴的慰藉。

因此，作为 3 号的伴侣，要懂得以温柔体贴的方式来照顾他们的生活，因为他们太过拼搏不懂得留意自己的身体，所以提醒他们懂得放松自己是至关重要的。比如，不要在 3 号休息时为他们安排太多的活动，特别是周末的时间，因为他们此时的目标就是彻底休息。但也不要让他们完全在家中无事可做，因为他们实际上很难在精神上放松下来，在家里待着总是会继续思考事业或工作目标。因此，多为他们安排一些户外的休闲活动，比如郊游、温泉、去公园散步等，让他们以尽可能远离人群的方式放松身心，这样也有利于他们关注内心的情感，更好地认识自己。

## 关注内心情感，从繁忙中抽身

3号性格者不关注自己的情感世界，他们不敢面对自身性格中的缺点，只想向他人展现自己性格中的优点，努力维持在他人眼中的成功者形象。因此，他们将注意力更多地投向了物质世界，不断地工作以获得更多的物质回报。然而，物质上越富足，3号就越会感到精神上的匮乏，滋生出强烈的空虚感。

然而，大多数3号选择不理睬内心的空虚感，转而用更加繁忙的工作来转移自己的注意力。不关注自己及伴侣内心的情感，就使得3号总给人一种不解风情的感觉，亦因此容易忽略对伴侣内心感受的关注。他们总是以物质来满足对方，给人一种一旦遇到情感问题，便会用物质上的表现（如购物、晚餐、送礼物）来逃避情感沟通的感觉。这也是3号人格“不愿意认错”的本质表现。同时，因为他们总是以回避沟通情感作为处理情感问题的方式，所以会令人产生一种情感薄弱的感觉。

我和女友相恋7年后结婚，感情一直很好。结婚后不久，我的上司跳槽，我代替了他的位置，为了证明我的领导实力，赢得下属的信服，我不得不每天加班加点地工作，下了班还要陪着客户应酬，经常半夜两三点钟才回家，而且一回到家倒头就睡，早上一起床又要急急忙忙去上班。刚开始时，妻子很理解我，认为男人当以事业为先。但时间一长，妻子也有了怨言。开始指责我忽视家庭。而我也觉得很委屈：我这么辛苦的工作不就是为了这个家，为了让妻子过上更优渥的生活吗？我觉得很苦恼。

3号因为忽视个人情感，常常错误地理解爱的含义，也就会错误地表达爱意，因此也难以获得长久而幸福的爱情。其实，只要3号明白一点：物质不能代替情感沟通，重拾对个人情感世界的关注，他们就能爱得正确一些，也就能收获真正的爱情。

作为3号的伴侣，你需要帮助3号从繁忙的工作中抽身出来，更多地关注内心的情感，要给他完全独处的空间和时间，不要打扰他，让他能够安静地觉察自己内心的感受。之后，以温柔体贴的方式与他沟通，让他知道你对他的爱不仅只限于他的拼搏以及奋斗所取得的成就上，对他整个生命的感恩才是你对他爱的全部，以此作为鼓励他退去“伪装”真实表达内心情感的方法。并以此帮助他们真正关注到自己存在的价值，建立自我价值的评价，把视角从关注身边人的鲜花、掌声转移到为了得到理应属于自己的鲜花、掌声而应该做的事情上。让他们意识到这些事情才是自己真正想要追求、并实现的自我价值。这才是作为伴侣对3号人格真正的赞赏和爱，才能保持爱情的甜蜜和幸福。

# 3 号人格的职场：做好工作，无可替代

## 3 号老板：实用有效

3 号性格者追求成功，他们能够为了自己的目标不断努力，有着强烈的实干精神。因此，职场中的 3 号老板往往信奉“不管白猫黑猫，抓到老鼠就是好猫”的价值标准，一切以“实用有效”为最高准则。

在这样的价值观影响下，3 号老板的用人标准是“唯才是用”，倾向于能者居之，而对于能力较差或经常犯错或是不能承受压力工作的人，会采取放弃的态度，有机会便会寻找有能力的人去替代。总之，在他们的眼中，能力重于一切，即便是他们不喜欢的下属，只要有能力把工作做好，他们仍然可以忍受，甚至重用。

唐太宗即位时，面临的是社会动乱、百废待兴的局面。他清醒地认识到：“致安之本，在于得人。”“用善人则国治，用恶人则国乱”。因此，他选拔官吏，能够比较严格地坚持以才选人、以贤任人的原则。

比如，隋朝旧臣裴矩虽然跟着隋炀帝干过一些坏事，但本人颇有才能，唐太宗扬其所长，仍然让他继续作官，使裴矩在贞观时期发挥了积极作用；大臣魏征从前是太子李建成的心腹，在李建成同

李世民谋夺皇位的生死争斗中，魏征曾为李建成献策要及早杀掉李世民。然而，他耿直忠诚，有出色的政治才干，又使得唐太宗不计前嫌,反而对他非常信任倚重。而某些原秦王府旧属却因为能力所限，一直没有得到升迁。

唐太宗在用人上就具有典型的3号心理特征——唯才是举。而正是因为唐太宗不计较人才是何出身，有何经历，都能够据贤量才加以任用，才能开创“贞观盛世”。

然而，这种“唯才是用”的价值观也容易加剧了3号的急功近利心理，使得他们对人缺乏耐性，很少深入了解别人的心理世界，所以他们和下属的交流常常仅限于工作或同自己目标有关的事情上，也就常常给人以自私、不近人情的坏印象。

因此，人们在面对唯才是举的3号老板时，需要表现出超强的实用性：不仅要提出好的想法，还要在落实的具体方法、关键措施上花心思、动脑筋、费精力，时刻不忘锻炼自己的工作能力，才能得到3号老板的重用。

## 跟随3号上司去奋斗

3号是天生的领导者，因为他们追求成功，是追求功名利禄的功利主义者，在他们看来，权力是实现成功的一种重要手段，也是成功的一种重要表现形式，因此，他们总在积极地追逐权力，这也使得他们天生具有权威感。

3号的权威感的表现之一就是他们喜欢控制别人，以便让事情朝着自己喜欢的方向发展。他们喜欢控制局面并且认为一切都是理所当然的，而且3号在管理工作中表现出极强的组织能力和办事能力，往往表现出眼观六路耳听八方的大将风范，懂得时刻调整目标，对任务的安排表现得游刃有余。

3号之所以具有权威感还在于3号能够“以身作则”来激励员工共同努力。也就是说，3号具有极强的感染力，他们积极乐观的精神和勇敢拼搏的斗志会积极带动大家，发挥领导者的作用，不断推动团队向前发展。比如，在充分明确了目标和结果后，3号能够带动一个奄奄一息的企业，当困难出现的时候，他们会一头钻进去，工作得更加努力；当团队取得胜利时，他们会组织庆祝胜利的晚餐。

3号有着极强的社交能力，凭借其八面玲珑的本事，他们总是能够收获良好的人际关系。他们懂得发挥自己在社交方面的能力来揣摩和分析身边人（包括下属、同级、其他部门的领导）关注的焦点或追求的目标，然后以他们出众的口才利用对方内心的追求来说服其帮助自己达成目标。

总之，3号是个天生的领导者，他们有着清晰的目标，能够坚定地为目标而不懈努力，又善于管理，能纵观全局，知人善任，合理地委派工作，寻求最实际、最合适的解决方法，并能够以自身的积极乐观的精神激励他人奋斗，从各个方面来看，3号都具备领导的特质。

面对3号这样优秀的上司，你所需要的就是钦佩、信服他的能力，并在他的激励和引领下制定自己的发展目标，脚踏实地去奋斗，一步一步地实现你的目标，也一步步实现团队的目标。

## 高效的员工，才能赢得3号老板的赏识

3号注重效率，他们认为，速度重于一切。因此，3号总是风风火火地忙碌着，他们的工作效率之高，往往令人望尘莫及：他们专

注于手头的任务，在工作领域特别投入而且精明敏捷，致力完成工作所需的步骤，绝不拖泥带水。总之，在3号的心目只有一个目标，那就是成功，因此总是把事情表现得简单、井然有序、直接，以便更快地获得成功。

当3号成为领导者时，他们需要带领一个团队成功，他们就会要求团队的每一个成员都能像他一样高效工作，促使团队更快地达到一个又一个目标。

有两只蚂蚁想翻越一段墙，去寻找墙那头的食物。

一只蚂蚁来到墙脚，毫不犹豫地向上爬去。可是当它爬到大半路时，就由于劳累、疲倦而跌落下来。可是它不气馁，一次次跌下来，又迅速地调整一下自己，重新开始向上爬去。另一只蚂蚁观察了一下，决定绕过墙去。很快地，这只蚂蚁绕过墙来到食物前，开始享受起来。而第一只蚂蚁仍在不停地跌落下去又重新开始攀爬。

在工作中的人们就好像这两只蚂蚁，一种人工作很勤奋，每天都忙个不停，但是由于工作方法不正确，效率很低，还常常加班加点来完成工作，工作绩效平平；另一种人尽管平时很少加班，但工作方法正确，能用较少的时间来完成工作，绩效相当好。对于前者，或许最初上司会因为你的刻苦努力而欣赏你，但是长期下来，由于工作结果始终不佳，你的努力几乎都是白费。这是一个重视过程，更重视结果的年代，人们不仅要勤奋，但更要用合理的方法做事。

当3号成为领导者时，他们需要带领一个团队成功，他们就会要求团队的每一个成员都能像他一样高效工作，促使团队更快地达到一个又一个目标。而且，他们往往只根据员工的成绩来判断员工的优劣，而很少去关注员工在工作过程中的经历。在同等的时间里，谁能更快地完成任务，或是完成的任务更多，他就更容易得到3号上司的赏识。

### 满足3号员工的成就感

3号追求成功，不仅努力去追求成功，更注重塑造自己的成功者形象，彰显自己与众不同的高品位，以此来吸引他人的关注，赢得他人的赞赏。因此，3号员工特别喜欢得到别人的赞许和表扬，认为这是优秀、成功的一种表现，能够极大地满足他们的优越感。比如，如果一个3号员工因为工作业绩突出，而被老板叫到办公室里表扬一番，他出来之后，往往会自我宣扬一番："老板表扬我了！"因此，领导者管理3号员工，一定要在工作过程中对其出色的工作业绩给予及时的赞赏，并在公共场合公开表扬，这相当于在认可他们业绩的同时还满足了他们与人竞争的内心渴望。

美国一家名为柯林斯的公司，专门生产通信、电子领域的高科技产品。创业初期，举步维艰，在产品研发过程中时常碰到久久不能解决的技术难题。有一次，公司的研发部门被一个技术问题困了两个星期。所有的人都为此感到焦急。公司老板给技术研发部门如此训话：如果这样下去，公司的生存就会成为大问题。

一天晚上，正当公司老板还在为此大伤脑筋的时候，产品研发部的一位技术人员急急忙忙地闯进他的办公室，大声喊道："我找到解决办法了！"老板一跃而起，听完这位技术人员的阐述后，豁然开朗，并立即决定给予这名员工嘉奖。

可是，嘉奖什么呢？他在办公室找了半天，只找到了午餐时剩下的一个苹果。他激动地、毕恭毕敬地把这个苹果送给了这名员工，真诚地说："您辛苦了，请休息一下！"尽管这个奖品极其平常，但这个员工深受感动，他觉得自己的努力得到了足够的尊重。

这件事情在公司内部传开后，所有的员工都受到鼓舞，工作积极性和主动性得到了彻底激发。由于不断推出科技含量很高的新产品，该公司成为当年美国最受关注的行业的"后起之秀"之一。

每一个人都渴望自己的付出被认可、被赞赏，而对于为了成功而不断努力的3号来说，更需要他人给予的鲜花和掌声，以塑造自己的成功者形象。

在一个团队中，领导者能够适时对员工的成绩给予赞赏，往往能进一步激发员工的奋斗精神。这种方法对于3号员工尤其有效。因此，如果领导者想要激励成绩卓越的3号，使其更加努力地工作，最好的方式就是：开一个员工大会，让3号站到讲台上来，给他鲜花和掌声，这就能极大满足3号对于成就感的需求。

## 3号人格的性格：不成功，不罢休

### 3号灵巧的变色龙

3号追求成功，为了在各种场合都以一副成功者的形象出现，赢得他人的关注和赞扬，3号往往会根据所处的环境改变自己的角色或者形象。也就是说，3号常常自我欺骗，将自己塑造成公众最喜欢的形象。

他们像只灵巧的变色龙，总是随时间、地点变换自己的模样，由于他们总是将那些不同的角色扮演得出神入化，因此别人往往看不出他们的伪装，他们自己也可能分不出哪一个才是真正的自己。也就是说，3号可能会把这种表面的自我误认为是真正健康的自我。

经验丰富的3号能够把自己完全融入到他们所扮演的角色中，表现出角色的性格特征。比如曾是美国演员的施瓦辛格拍摄的自传式纪录片《铁金刚》中，这位曾经多次赢得世界健美冠军的好莱坞巨星就表现出了3号性格者的特点，他把自己战胜他人的优势形容成一种心理技巧，就是在其他对手上台之前，他已经把自己想象成了天下无敌的胜利者。

而且，即便3号意识到自己为了赢得信任和支持而有意改变形象的欺骗行为，他们也很难停止。因为当他们过于投入到自己扮演的角色中时，他们沉迷在一种被关注被尊崇的“成就感”的光辉中，他们不想失去这种美好的感觉，因此他们就会找各种理由来欺骗自己，压制消极的感觉，消除对失败的担忧。也就是说，只要他们扮演的形象得到了正面的反馈，他们就会兴奋地继续扮演下去，把自己变成最终的胜利者。

然而，3号越是沉迷于这种扮演他人眼中乐观而幸福的成功者角色，就越容易迷失了自己的本性，这使得他们相当脆弱。一旦有人揭穿了3号的这种虚假自我，发现了他们的真实自我，他们就会受到沉重打击，陷入痛苦不堪的个人危机中。这时的他们可能是十分愤怒的，因为他们觉得别人能够轻而易举地得到一切，而他们则必须放弃自我。

由此可见，3号迫切需要从这种欺骗与自我欺骗的生活中摆脱出来，更多地关注自己的感觉和需求，并懂得将自己扮演的形象与真实的自我区分开来，才能获得真正的成长，才能赢得自己想要的成功。

## 根深蒂固的思维：无成就就没人爱

3号以追求成功为乐，他们坚信一个人的价值在很大程度上取决于自身的成就，因此他们心中有一种根深蒂固的思维：“我若没有成就，就没有人会爱我”。

3号追求成功的背后，其实是3号渴望被人认可的欲望，即他们渴望以自己的成功来获取人们的景仰。正如某位3号性格者所说：“最重要的是我受到了尊重，不但出了名，而且走在路上和在一些公共场合总是有人友善地和我打招呼。”和2号不同，3号并不是以服务于他人的需要来获得他人的认可，他们更倾向于：如果自己能够在这个社会上取得很多优秀的成绩甚至是成就的话，那么别人就会在看到他们的努力、他们的光环、他们的地位等这些“成绩”后，开始靠近他们，并希望跟他们做朋友，跟他们建立好的关系。

3号认为，一个人要想在社会上取得优秀的成绩，体现出自身的价值，工作是最重要的方式和手段，因此他们习惯了去适应不同工作的不同要求，并总能够从匆忙的活动中感到活力。当他们不遗余力地推动一个项目时，他们已经忘记了自己，他们的注意力都集中在了工作之中。尽管3号也会记得忙碌的工作带给他们的疲惫和精神消耗，但他们更关注自己在与某项具体工作的节奏和步伐一致时，所产生的良好（近乎成功）感觉：好像自己是被悬浮在无尽的能量之中，所有困难都能迎刃而解；虽然你是在紧迫中全力以赴地工作，但是却感觉时间仿佛放慢了脚步；你的烦恼和担忧都没有了，你不需要反思或质疑，就能自然而然地发现需要解决的问题。确实，3号的努力工作往往能让他们获得想要的成功。

正因为3号极度渴望成功，他们很少考虑失败的问题，所以一旦失败了，他们要么就坚信“失败是成功之母”，即只要还有足够多的活动等着他们，只要还能看到未来的美好希望，他们就不会放弃，他们能够迅速调换工作，改变形象，保持积极向上的心情；要么就会尽量躲避失败或把失败的责任推卸给他人，即如果一个项目已经岌岌可危，或者一段关系已经覆水难收，他们会让自己赶快摆脱出来，去做其他更有用的事情。

由此可见，3号只要对成功、失败保持正向思考，不要逃避内心的情感，就能获得自己想要的成功。

## 人生无需演成他人眼中的样子

“面子”一词是中国特有的产物，因为我国长期受到儒家文化的熏陶，而儒家提倡的是“和为贵”的人际交往原则，所以，给别人“留几分薄面”就成了维护人际和谐的重要手段。要探究“面子”的心理成因，先要了解“面子”一词的来源。尽管在中国的汉字中，“脸”和“面”在某些意义上是相通的，但在“脸面”这个词中，“面”和“脸”却存在着较大的差异：“脸”是指道德法则下的判断，如骂某人为“不要脸”；而“面”则更多包含着权力的意味。这就揭示出了好面子的第一个心理动因，即炫耀权力的欲望。很多人认为自己可以做到别人做不到的事，就表明自己拥有他人没有的资源和权力。如时下有些人总是愿意乐此不疲地替人办事，就是因为当别人称赞他有本事时，他炫耀的心理就得到了最大的满足。

之所以说3号过于重视面子，是因为他们爱炫耀自己的成就，即他们做出成就的目的，更多是为了让别人看到他是了不起的，而不是为了满足自身的需求。因此当3号获得一些成功后，他们常常喜欢炫耀自己，爱出风头，嘴里常夸耀自己的优点，喜欢谈成功的一面，爱引诱人，逢人就推销自己，显摆自己的才华、地位、身材和财富，替自己增加知名度。也就是说，他们会在别人面前努力展现自己最好的一面，甚至极端到会撒谎来保持自己在别人心目中的成功者形象。总之，他们开始以自我为中心，总是认为自己的实力高人一等，然而实际上他们的实力并没有那么强，这常常使他们因为好高骛远而招致失败。而一旦失败后，他们可能因此而崩溃，陷入自卑自怜的深渊。

由此可见，3 号更需要关注自己内心的情感和需求，抛下面子心理，不要执迷于扮演他人眼中的成功者形象，才能避免成为“只重包装、不重内涵”的肤浅者，也才能在人生的大风大浪面前挺住，最终抵达成功的彼岸。

## 警醒 3 号：欲速则不达

3 号极度追求成功，他们急迫地追求短期效应而不顾长远影响；急迫地追求眼前的蝇头小利，而不顾全局的根本利益，这就是人们常说的“急功近利”心理。这种个性，打短线战可能会横扫千军，但因为内在实力不足，面对持久战时则难以应付，因此往往看似当时得利，实则容易导致最终的失败。

3 号过于关注结果、容易忽视过程的行为，就是他们急功近利的最佳证明。3 号注重目标，因此他们的眼里经常只看到结果，而不关注过程。3 号也注重效率，因此他们喜欢做了再说，认为细节问题不必预先计划，完全可以在做的过程中解决，然而，一旦 3 号上了路，他们往往集中精力高速前进，就很难再顾及到细节问题，因此常常因细节导致失败。

战国时期的楚国有一个叫养由基的人精于射箭，能百步穿杨。有一个人很仰慕养由基的射术，决心要拜养由基为师。架不住这个人几次三番的请求，养由基同意收他为徒。

养由基教这个人做的第一件事，就是给他一根很细的针，要他放在离眼睛几尺远的地方，整天盯着看针眼。看了两三天，这个学生有点疑惑，问老师说："我是来学射箭的，老师为什么要我干这样莫名其妙的事，什么时候教我学射术呀？"养由基说："这就是在学射术，你继续看吧。"这个学生开始表现还好，能继续看下去，可过了几天，他便有些烦了。他心想，我是来学射术的，看针眼能看出什么来呢？这个老师不会是敷衍我吧？因此，他跑去找养由基要求学习真正的射术。

养由基又教他练臂力的办法，让他一天到晚在掌上平端一块石头，伸直手臂。才练了几天，这个人就受不了，他想："我只学他的射术，他让我端这石头做什么？"于是他很不服气，不愿再练。养由基看他不行，就由他去了。

后来，这个人又跟别的老师学艺，最终也没有学到一门技术，空走了很多地方，浪费了很多时间。

故事中的这个人就具有典型的3号性格者的特征——急功近利。如果这个人不是这么急功近利地想要一步登天，愿意从基础一点一点学起，他应该是可以成功的，但他没有反思自己缺乏耐心的缺点，反而将责任推卸到他人身上，因此才会换了无数个师傅后依旧一无所成。

俗话说："欲速则不达。"3号需要明白，成功不仅需要一个明确的目标，更需要踏踏实实的行动，做好每一个细节，步步为营，才能稳步前进，最终获得成功。

# 3号人格的交往：做有价值的事，交有价值的人

## 批评只会使3号更好地伪装

3号极度追求成功，这使得他们视生存为人生第一要务，且他们认为自己必须以成功者的形象生存，因此他们开始变得势利，他们为人处世都喜欢投机取巧，擅长在不同的环境中转变身份，赢取他人的认同，为自己获取利益。他们可能变得不诚实，并固执地认为失败是一件丢脸的事情，因此当他们以常规的方式无法取得成功时，他们就可能采取某些极端的方式，只要这些方式能帮助他们获得成功，他们并不觉得有什么不对。总之，为了生存，为了成功，他们不惜一切代价。

在这种势利心理的影响下，3号将世界上的人划分为两类：有价值的人和没有价值的人。而为了追求成功，他们会主动接近那些对他们有价值的人，而自动忽略那些对他们没有价值的人。

为了讨好那些有价值的人，他们会努力将自己塑造成对方心目中理想的形象，从心理上强迫对方臣服自己，而为了保持这种优越性，他们常常会根据他人的想象来改变自己的形象。而且，由于3号具有极其敏锐的观察力，这使得他们较为容易的在千变万化的人际关系中“判断”出利害关系来，以便自己做出进一步行动的“选择”；他们也能够在难以捉摸的权力变化场中“估计”出人的“升降”趋势来，

以便随时“舍取”；他们也能很快在自己想巴结、奉承的对象中“发现”他的兴趣、爱好来，以便能不失时机地投其所好。总之，他们极为聪明，十分擅长“见风使舵”，也就使得他们具备了势利心理滋生的条件。

由此可知，当3号面对他人对自己的批评时，他的第一反应往往是：哦，原来他心目中的成功者是那样的，那好，我就变成那样吧。他们就会根据他人的观点来迅速调整自己的形象，而不会去深思这些批评背后关于个人发展的东西。也就是说，批评只会使3号更好地伪装自己。

因此，人们在面对势利且强势的3号时，不妨多建议，少批评，尽量在不破坏其优越感的情况下给出客观意见，引导3号认识自己的内心世界，从而帮助他们获得更好的成功，也容易为自己争取到3号的保护和帮助。

## 与3号谈话要把握节奏、突出重点

3号追求成功，注重效率，他们时常觉得“人生苦短”，要抓紧时间努力工作，才能获得自己想要的荣誉、声望、金钱、地位等成功者的必备元素，因此他们总是急匆匆地走在前进的路上，难有停歇的时间。为了保证自己的高效率，让自己尽快达到成功的目标，他们习惯快速沟通和办事的方式，喜欢直奔主题，绝不拖沓冗长。因此，3号常常给人以一种急躁的印象。

古典小说《镜花缘》中，林之洋、唐敖、多九公三人到了白民国，在一家酒店吃饭，酒保把醋错当成酒给他们送来了。林之洋素日以酒为命，举起杯来，一饮而尽。那酒方才下咽，不觉紧皱双眉，口水直流，捧着下巴喊道：“酒保，错了！把醋拿来了！”

这时旁边一个驼背的老儒赶忙劝他道："先生听者：今以酒醋论之，酒价贱之，醋价贵之。因何贱之？为甚贵之？真所分之，在其味之。酒味淡之，故而贱之；醋味厚之，所以贵之。人皆买之，谁不知之。他今错之，必无心之。先生得之，乐何如之！第既饮之，不该言之。不独言之，而谓误之。他若闻之，岂无语之？苟如语之，价必增之。先生增之，乃自讨之；你自增之，谁来管之。但你饮之，即我饮之；饮既类之，增应同之。向你讨之，必我讨之；你既增之，我安免之？苟亦增之，岂非累之？既要累之，你替与之。你不与之，他安肯之？既不肯之，必寻我之。我纵辨之，他岂听之？他不听之，势必闹之。倘闹急之，我惟跑之；跑之，跑之，看你怎么了之！"

唐敖、多九公二人听了，只有发笑。林之洋道："你这几个之字，尽是一派酸文，句句犯俺名字，把俺名字也弄酸了。随你讲去，俺也不懂。"

其实老儒啰啰唆唆说了一大堆，其实就一句话的意思：醋比酒贵。唐敖、多九公是不是3号我们暂不判断，总之在3号的眼里，这样啰唆地叙述一件简单的事情，是对时间的一种浪费，不仅得不到他们的好感，反而容易激起他们的愤怒。

因此，人们在与3号沟通时，要直奔主题，切中要害：先了解对方最关心项目里面的什么部分，再重点分析，切忌什么都说，因为太繁琐会让他们注意力分散。虽然在谈话时，3号看起来挺有耐心，就算你说再多繁琐的东西，他们看起来也专心致志。但那是为了给你面子，并保持自身有礼貌的形象，他们的内心可能早就远离你的话题了，所以跟3号谈话要懂得把握节奏和突出重点。如果你还是怕他们知道得不够全面而继续讲下去的话，也许他们就会开始变得烦躁，可能对你发脾气了。

## 降低竞争心才能与3号合作

3号性格者的好胜心和比较心都特别强，事事都要求自己比他人强，事事都要求别人的认同和赞美，这也成为他们的上进心和追求成功的原动力。当他们看到别人成功时，他们的第一个反应就是："总有一天我会比你成功。"当他们面对和自己实力相当的人时，会不由自主地产生好胜心：我一定要做得比你好，我一定要比你强。"

他们开始喜欢竞争，并渴望在竞争中获胜，从而向自己和同行证明：自己是非凡的优秀人物。为了不被他人比下去，他们往往比他人更努力地工作，寻找各种代表着成功和成就的象征：社交能力、加薪、受欢迎的演讲、签订合约、拥有同他们的老师或领导一样的显要位置。总之，超越他人可以强化他们的自尊，使他们不致产生太深的无价值感，暂时感觉自己更可爱、更值得关注以及被羡慕。

他们将名利看作是胜利者的象征，因此他们开始追逐名利，并将职业成就看作他们衡量自己作为人的价值的主要砝码，因此他们不断地谋划着自己的升迁，想要尽可能快地向上推进，并愿意为此付出巨大的牺牲：牺牲健康、牺牲婚姻、牺牲家庭、牺牲朋友……总之，一个有声望的头衔或职业能够极好地强化3号的胜利感和成就感。

为了在竞争中获胜，他们不再真诚，而是注重社交技巧，开始抛弃真实的自我表达，开始掩盖他们的动机，喜欢在人际交往中出风头，以吸引那些对他们来说有价值的人，来帮助他们提升自己的事业，增加自己的社会魅力。

因此，当你遇到3号时，如果你喜欢他们，欣赏他们的勤奋和拼劲，就不妨降低自己的竞争心，尽量配合他们，帮助他们达成目标。而且，当你与他们站在同一阵线时，3 号也乐于保护你，与你分享他们的成就。

# 第四篇
# 解密4号人格：独一无二的人生

4号浪漫主义者喜欢标新立异，渴望与众不同。他们对自己和他人的情绪十分敏感，也十分在意。因此，他们身上具有很多艺术家的特质，往往情感丰富，习惯忠于自己的感受，凭感觉做事，追求心灵刺激，情绪变化无常，散发出独特的魅力。但他们也喜欢关注负面情绪，活在过去，迷恋缺失的美好，沉溺于痛苦中。他们的宣言是：我是独一无二的，我的内心充满深深的悲伤。

# 4 号人格的生活：浪漫是必须的调料

## 不以评价的方式对 4 号的想法发表意见

4 号追求独特，他们并不想要普通人那样时刻黏在一起、朝夕相处的爱情，他们认为爱情应该有更深的层次，他们总在思考如何实现爱情的独特，他们追求浪漫以及经常沉浸在自我想象的情感世界中的表现，给人一种非常需要个人空间的感觉。再加上他们我行我素、独断独行的一贯行为方式，更让人觉得他们似乎更喜欢一个人生活。同时 4 号人格内心又非常渴望自己的伴侣能够理解他们的这种表现其实正是他们与众不同的地方，并且他们把这种理解认同于自己的伴侣恰恰是因为他们这种与众不同才爱上自己的，所以他们又表现得非常需要伴侣的关注、珍惜、怜爱。

作为 4 号的伴侣，你需要接受和允许他们拥有与众不同的想法，不要以评价的方式来对他们的想法发表意见，这样只会让他们感觉你是在批评、厌烦他们，他们会因此对你产生不满的情绪。

无论 4 号那些与众不同的行为让你多么痛苦，你都不要批评他们，而要建议和引导，注意用语要温柔，绝对不能使用尖刻的语言，且时刻表示爱意。因为他们对批评敏感，猛烈的抨击会催化他们的羞耻感，你任何带有评价意义的言语都会造成对他们内心的极大伤害。因为你的评价被他们解读成自己被误解、被厌烦并有可能被遗弃，而这恰恰触及了他们的深层恐惧，这将使得他们加剧内心的情绪起伏，变得自怨自艾或折磨伴侣。

作为4号的伴侣，你更需学会正面评价4号那些与众不同的想法，并给予他们充分的支持，帮助他们将这些想法变成现实。你需要看到，4号的行动力不足是因为他们细腻而敏感的情感，并经常沉浸在情感世界中造成的。他们在行为上看似没有做什么，但他们的内心和思想上是十分活跃的，且这种活跃本身也是4号的行动。他们亦会因此来精心地设计各种浪漫的情景来感动你。所以你要欣赏、享受并感谢4号人格伴侣为你精心制造的一个又一个浪漫的氛围。以此让双方都享受在这种甜蜜、幸福的状态之中。

### 消极就会引发恶循环

4号性格者总是有着强烈的缺失感，因此他们骨子里总是透着孤独、凄凉的味道。他们喜欢阴郁的天气和忧郁的感觉，喜欢格调忧郁、凄凉的诗词。比如，他们就特别喜欢李清照的词：寻寻觅觅，冷冷清清，凄凄惨惨戚戚。乍暖还寒时候，最难将息。三杯两盏淡酒，怎敌他晚来风急。或是顾城的诗歌：黑夜给了我黑色的眼睛，我用它寻找光明。正是因为这种悲凉情绪，使4号越发自卑起来，总是害怕被抛弃，因此他们看待伴侣的眼光总是呈现消极色彩。

心理学研究表明，消极心态可使大脑皮层处于抑制或半抑制状态，不利于思维活动的开展，不利于接受知识，也不利于进行创造性的学习。长此以往，会使人形成紧张、抑郁、焦虑、孤僻、敏感、多疑等消极情绪状态，甚至导致心理失常，影响人的身心健康。

而且，一旦他们消极地看待伴侣，就越发感到不安全，感到自己随时都会有被伴侣抛弃的可能，他们就会变得苛刻，处处挑剔伴侣的行为，从而引发矛盾和争吵。

丘克打电话说他下班会回来很晚。他妻子佩蒂很生气：“这太不公平了，我也工作，可我总是准时回家。”她变得十分消极，连晚餐也不做了。

而当丘克发现佩蒂没有做饭，于是他就产生消极看法：她不关心我。因此他也心烦意乱。夫妻双方就这样陷入了冷战或争吵之中。

佩蒂和丘克两人具有典型的4号性格者的心理——消极。消极思想最大的特点就是太简单，太一般化。例如，4号的配偶发怒，4号就断定他（她）不再爱你了，就会做出这样的判断：“她没希望了”“他太自私”“她从没关心过我”“他从不履行诺言”“她太懒惰”“他无责任感”，这些绝对的结论在婚姻家庭中会削弱相互之间亲密的关系。如果双方都用消极的眼光看待彼此，情感终将走向破碎。

因此，对于4号的伴侣来说，你需要理解4号关注缺失的消极心理，更要懂得用你的宽容和热情让4号感受到你对他们深深的爱意，这才能引导4号去正确看待自身的缺失，帮助他们树立积极的心态，乐观地看待生活。

## 距离产生美，对4号不妨若即若离

4号害怕被遗弃，害怕失去爱，害怕找不到真实的自我，他一生都在寻找一个懂他的人，所以4号对感情经常若即若离。他们喜欢在自己和恋人之间制造若即若离的距离感，以保持自己在伴侣心目中的神秘感和美感。在他们看来，“距离“是维系恋情的重要手段。

因此他们对于爱情往往有着这样的念头：“因为爱你，我必须离开你。当离开你后，我才发现有多爱你。”这种想法会令其他人无所适从，但的确是他们的心底话，也是他们向自己证明有多爱你的方法。

4号总是将自己及伴侣置身一种永无止境的“推——拉”游戏中。当他们感到过分亲密会危害到恋情时，比如朝夕相对导致令双方的缺点无所遁形时，他们会将伴侣推开，让自己有足够的空间来重新浮想你的好处，在确认真的爱伴侣后，他们会在伴侣立志要离开前，用尽一切方法说服伴侣回来。可是伴侣在希望两人关系稳定下来时，他们却会再次退缩，不会做出一些具体的承诺。在伴侣为他们的冷漠失望时，他们又会重新施展吸引伴侣回来的伎俩。总之，4号就是喜欢在爱情中制造若即若离的感觉，他们称这种恋爱模式为“吸引——拒绝——吸引——拒绝”，如此循环不息。

从积极的方面来看，4号天生就是制造神秘感的高手，他们情绪化的性格往往给人难以捉摸的神秘感，他们追求创新的性格更使得他们变化万千、难以掌控，从而使得他们在爱情中具有强大的吸引力，如果他们能够避免自己陷入悲情主义的旋涡之中，就能凭借自身的神秘感赢得长久而幸福的爱情。

因此，人们如果要想和4号维持一段长久而幸福的情感关系，就要理解4号这种喜欢“若即若离“的心理，并以其人之道还治其人之身”，也和他玩起“距离产生美”的“推——拉”游戏。比如，你第一天约4号吃饭，第二天约4号看电影，第三天接4号下班，第四天和第五天按兵不动，第六天凌晨两点，你给4号打电话，说：“4号，我觉得你不太喜欢我，要不咱们分手吧。”然后“啪”的一声把电话挂掉。这时4号肯定就会有反应了：“我挺有感觉了。”接下来4号就会想尽一切办法要让你感受到他浓浓的爱意。

## 告别欠缺“味道”的爱情

4 号是情绪化的，他们会因一点小事兴高采烈，也会因为一点小事暴跳如雷，他们总是要在平凡的生活中创造独特的、富有戏剧性的情感经历，似乎这样才能凸显他们的与众不同与独一无二。

在爱情中，4 号更是坚持这样的理念：如果我不够独特，就没有人爱我。他们不能容忍欠缺“味道”的爱情，总是幻想在平淡如水的寻常生活里，会发生一些可以刺激起神经的不幸事故，诸如死亡、别离、灾祸、第三者等。有时亦会无缘无故假想自己被遗弃，需要孤身一人面对冷酷的世界，由此来确认伴侣的重要性，说服自己要安于关系中。

然而，过度追求戏剧性的心理常常促使 4 号过于强烈地表达他们的情感，做出极端的情感反应：一个极端是痛苦，另一个极端是幻想完全的成功。总之，他们的生活中好像没有不温不火的感觉。比如，当一个 4 号问自己：“我爱他吗？”他们会迅速因为这个问题而完全陷入恋爱中的感觉，全然不去思考这个问题的答案。也就是说，4 号可以完全陷入自己的空想中，满脑子都是“他伤害我会怎样”，或者“他爱我又会怎么样”，以至于完全不去思考自己对那个“他”的感觉，即 4 号在完全不确定自己是否爱对方的情况下就开始幻想恋爱的过程。这就好像一个人面对着一块空地都还没想好它适不适合建房子的问题，就开始设想房子建成后该如何装修的事了。这就是 4 号的典型特征——幻想、富有戏剧性，因此他们习惯将自己的情感放大，再放大。

而且，过度追求戏剧性是不切实际的空想，终将因为缺乏现实的基垫而失败。从心理学上分析，过度的心理其实是一种人格障碍，它的最大特点之一就是喜欢引人注意。这类患者在言语、表情及动作上常过分夸张，好像演戏一样。具有戏剧性人格障碍的人往往追求强烈的体验，为了引人注意，有时不惜损害自身，如自伤、损物捣乱、玩弄自杀把戏等，而不顾及个人的尊严。他们在无现实刺激时，便借助想象来激发体验。总之，这类人情绪上不稳定，易大惊小怪，往往给人一种肤浅、无真实感、装腔作势、无病呻吟的印象。

为了避免 4 号追求戏剧性的心理发展为一种人格障碍，4 号的伴侣需要给予他们追求独特的心理充分的理解，并在此基础上尽量配合他们，享受他们制造的刺激的情感体验，并多制造一些浪漫，比如不定时送 4 号鲜花或礼物，闲暇时出去旅游，玩新鲜刺激的游戏，等等，让彼此的生活变得丰富有趣，4 号的情绪化就会向正面发展。

## 4 号人格的职场：独特是获得成功的捷径

### 突出特点才能吸引 4 号上司

4 号性格者追求独特，并时刻展现着自己的独特，更希望自己的独特得到大众的认可和赞赏。许多时候，4 号希望自己成为独特方面的权威，而不是喜欢权威方面的独特。因此，4 号上司的管理方式也力求独特、有品位、多变化，他们希望给人营造这样一种感觉：当人们一走进 4 号的公司，就会有一种独特的气氛迎面而来。而对于一个独特的团队来说，他的每一个成员也往往是独特的。因此4号总是倾向于选择、重用那些有着独特之处的员工，因为他们认为独特往往是获得成功的捷径。

有一个年轻人，痴迷于写作。每天笔耕不辍，用钢笔把稿件誊写得清清楚楚，寄给天南地北的杂志、报刊，然而，投出的稿子不是泥牛入海，就是只收到一纸不予采用的通知。他很苦恼，拿着稿子去专门请教一位名作家。作家看了他的稿子，只说了一句话：“你为什么不去练习书法呢？”

五年以后，他凭着自己出众的硬笔书法作品加入了省书法协会。

如果不是故事中的这位名作家发现了这个年轻人的独特之处，这个年轻人可能还在写作中痴迷不已，然后承受着更多的挫折，或许他终究会因为努力而成为作家，但他付出的代价太大。相反，这个年轻人在写作的过程中锻炼出了自己的独特之处——硬笔书法，当他善用自己的独特之处时，很快获得了成功。

4号性格者就像故事中的名作家一样善于发现他人的独特之处。而且，对于追求独特的4号上司来说，他们更关注下属的独特之处，并希望利用这些独特之处来激发自己的创造力，营造一个有着独特氛围的团队，也赢得一个与众不同的成功。因此，当你发现你的上司是4号人格时，一定要注意突出你的特点，以此来吸引上司的关注和认可。

### 出色完成工作任务，就能获得好感

4号性格者十分敏感，外界的任何细微的变化都可能对他们的情绪造成极大的影响，导致他们时悲、时喜，在情感方面总是反复无常。他们被遥不可及或者具有杀伤力的人所吸引，这种脱离现实的幻想常常使得他们的内在情绪会戏剧性地爆发，甚至可能出现自杀的幻想。总之，当你面对这样的 4 号上司时，常常会受到他们负面情绪的影响，变得消极起来，没有工作效率，在很大程度上阻碍了自我的发展。

在工作中，4 号上司也是如此，不停地受外界影响，不停地改变自己的决策，容易情绪消沉。他们这种反复无常的行为常常对员工的工作造成极大的困扰，极大地浪费人力资源、物力资源。

曾经，网络上流行这样一个笑话：

一个女人走进邮局，要了一张电报纸，写完后扔了。又要第二张，写完后又扔了。第三张写好后，她递给报务员，并嘱咐尽快发出。女人走后，报务员对这三份电报发生了兴趣。他看到第一份上写着：一切都结束了，再也不想见到你。第二份上写着：别再打电话，休想再见到我。第三份的内容是：乘最近的一班火车速来，我等你。

三份电报显示了三种截然不同的态度，由最初对恋人的厌恨，到最后对恋人的依恋，转变之快，令人瞠目结舌。工作中，4 号上司就常常像故事中这个善变的女人一样，做了一个决定，不久后推翻，再做一个决定，不久后再推翻，再做一个决定。这是因为 4 号上司往往是根据个人的感觉或情绪来做决定，这通常是靠不住的，因为个人的感情和情绪很快就会发生变化。一旦 4 号上司的为感觉而活的情绪发生了变化，他们就会修改决策，然后吩咐手下人去做。对于积极执行 4 号上司命令的员工来说，看到自己的付出一次次被否定，实在是莫大的痛苦。

人们在面对 4 号上司时，不要追求“令行禁止”的效果，而要放缓你执行命令的脚步，这样才能跟上4号上司的“步伐”，也不至于使自己做了无用功。但是，对于4号上司的命令，人们也不能直接拒绝，而要采取这样的步骤：急答应，慢行动，临行动前再请示一下。也就是说，当人们接到4号上司的命令时，嘴上虽然答应，但并不行动，而是静静观察一段时间，如果没有变化，则要再请示4号上司一次，说不定这个时候他已经改主意了。总之，无论4号上司有多么的情绪化，只要你能够出色地完成工作任务，就能赢得他的好感和信任。

## 不要陷入4号的情绪里面去

4号性格者总是倾向于在极度的抑郁和极度的亢奋中生活，他们的生活也确实是跌宕起伏的，或者是在悲喜两个极端之间摇摆不定的。他们的情感大起大落，能把爱变成恨，把激情变成冷漠。他们被遥不可及或者具有杀伤力的人所吸引，这种脱离现实的幻想常常使得他们的内在情绪会戏剧性地爆发，甚至可能出现自杀的幻想。总之，当你面对这样的4号上司时，常常会受到他们负面情绪的影响，变得消极起来，没有工作效率，在很大程度上阻碍了自我的发展。

为了避免自己被4号的负面情绪影响，不仅需要人们多和4号上司进行情感交流，帮助4号上司找回积极乐观的情绪，更需要人们自己有着极强的情绪控制力，执著坚定地做好自己的工作。

众所周知，乌龟在遭受到外力干扰或进攻时，便把头脚缩进壳里，从不反击，直到外力消失之后，它认为安全了，才把头脚伸出来。面对情绪化的4号上司，人们可以将自己当作一只乌龟，缩起自己的不满和冲动，任尔指责和批评，直到上司的负面情绪得以发泄。这种做法或许显得有点懦弱可笑，但是从摆正心态的角度理解却是聪明和正确的。

而且，大多数时候，4 号上司的情绪化甚至是极端的情绪反应并不是针对某个员工或者是某个员工的失误而进行的批评。他们的情绪反应很难捉摸，就算是当众对一个员工大发雷霆也并不是因为这个员工做错了什么，而可能是这个员工的某些做法引发了他心理的负面情绪。也就是说，人们对 4 号上司的情绪化应该保持这样的态度：他们发生莫名其妙的情绪变化，有他们发生的理由，但这理由我未必能够知道，我也不需要知道。

当人们能够淡定地看待 4 号上司的情绪化时，就能够继续把焦点专注在自己应做的事情上，不要陷入他们的情绪里面去，因为虽然 4 号人格上司此时在发泄情绪，但他们仍旧会继续关注你在工作业绩上的表现，所以你出色地完成工作是应对他们情绪化的最好方法。

## 以痛苦为苦，不如以痛苦为乐

4 号性格者喜欢关注性格中的黑暗面，因此他们常常将自己置身于一个痛苦的心境，去感受那些悲伤、绝望等负面情绪所带来的痛苦，而且他们并不认为这时一种痛苦，反而认为这是一种艺术，是美的表现。

他们的生活中，既有艺术的表达，又有为维持自身唯美形象而忍受的痛苦。他们在痛苦中创造，就好像一个艺术家宁可在阁楼里挨饿，也不愿靠出卖自己的作品来换取舒适的生活。艺术的追求和现实的痛苦常常交织在一起，因为痛苦能让他们感悟到生命的本质，能调动他们内心的张力，而艺术创造则把这种感悟表现出来，使之具有意义。

有一个男孩 4 岁时由于患上了麻疹和可怕的昏厥症，使他险些丧命；儿童时期，曾经患上严重肺炎；中年时口腔疾病严重，口舌糜烂，满口疮痍，只好拔掉所有牙齿，紧接着又染上了可怕的眼疾，他几乎不能够凭视觉行走；50 岁后，相继发作的关节炎、肠道炎、喉结核等多种疾病吞噬着他的肌体；后来，他完全不能发出声音。只能由儿子凭他的口型翻译他的思想，在他 57 岁那年，他离开了人世。

他从 4 岁时便开始与苦难为伍，直到死时依然没能摆脱困难的纠缠，但是苦难并没有使他低头，相反，他却在苦难中脱颖而出，他是怎么做的？他最终得到了什么？

他长期闭门不出，把自己禁闭起来，疯狂地每天练 10 个小时琴，忘记了饥饿与死亡。在 13 岁时，他过着流浪者的生活，开始周游各地，除了身上的一把琴，他便是一无所有。同时，他坚持学习作曲与指挥艺术，付出艰辛的精力与汗水，创作出了《随想曲》、《无穷动》、《女妖舞》和 6 部小提琴协奏曲及许多吉他演奏曲。

15 岁时，他成功举办了一次举世震惊的音乐会，使他一举成名。他的名声传遍英、法、德、意、奥、捷等很多国家。

帕尔玛首席提琴家罗拉听到了他的演奏惊异得从病床上跳下来，木然而立。维也纳一位听到他的琴声的人，以为是一支乐团在演奏，当得知台上是他一人的独奏时，便大叫“他是一个魔鬼”后，匆匆逃走。卢卡共和国宣布他为首席小提琴家。他就是世界超级小提琴家帕格尼尼，苦难没有打倒他，相反，他在苦难中成长为音乐界巨人。

4 号往往将痛苦看作人生的一笔财富。正如法国思想家罗曼·罗兰所说：“累累的创伤，就是生命给你的最好的东西，因为在每一个伤口上，都标志着前进的一步。”古今中外，哪位成就伟大事业的人不是经历了一番痛苦的磨炼，凭借自己坚强的意志从“疑无路”走到了“又一村”？司马迁把宫刑的痛苦化为《史记》，霍金身体上的痛苦成了他向上的动力。

因此，当领导者发现4号员工正处于痛苦的心理状态时，需要注意分辨他们对痛苦的认知：他们以痛苦为苦，还是以痛苦为乐。如果领导者发现4号员工以痛苦为苦，则要尽量帮助他们走出心理阴影，寻找积极的生活理念。相反，如果领导者发现4号员工以痛苦为乐，则不要干涉他们，以免阻碍了4号创作力的迸发。

## 4号人格的性格：按部就班不是我的菜

### 不甘平凡，流浪也是一种体验

4号追求独特，他们无论思维方式，还是行为习惯，都表现得处处与他人不一样，看起来是极具个性、特立独行的人，但实质上他们并不是想以这种方式表现自我，他们只是不甘平凡，反感与其他人做同样的一件事，从而喜欢那种与众不同的行为习惯，刻意追求扮演引领潮流的角色。而当4号觉得自己是“特殊的”“独一无二的”时，他们的内心就洋溢着满足。

为了与众不同，他们渴望创造出独一无二的形象及作品，所以不停地自我察觉、自我反省及自我探索，他们相信创造的所有美质都在自己身上，因此他们努力脱离平凡，以达到生存的意义。

他们喜欢追求不同寻常的自己，喜欢冒险，不满足于按部就班的日常生活。有一个是成功企业家的4号曾自我描述道：“我喜欢独特的经验，没有经历过的事情我都想体验一番。我曾经跑到一个没人认识的城市，在那里当了几天的乞丐，只是想体验一下乞丐那种流浪、漂泊的感觉。”

然而，4号如果一味地表现个性，其陷阱是对“真正的自我”的执著。也就是说，4号如果深信只要依据个人经验，掌握将内心深层的想法适当地表现出来的方法，就可以找到“真正的自我”，就会使他们不甘平凡，痴迷于与众不同，当这一倾向太强时，会使其与周围隔绝，从而无法过上充实的生活。

而且，由于4号过于追求冒险和刺激，他们的生活态度很容易有逃避现实的倾向。因为人与人之间的密切联系或精神纽带关系，虽然可以加深体味人生的意义，人际关系本身却未必能给人带来感动。追求刺激，忽视平凡的交往，会使自己陷入孤立而寂寞的境地。

为了既保持独特又不陷入孤独，4号需要在发挥自己特长的同时，谦虚地甘于平凡，从而取得人生的平衡，营造一个和谐幸福的生活。

## 珍惜当下，多关注自己拥有的

4号内心存在强烈的缺失感，他们总认为缺失的那部分才是人生真正的幸福。也就是说，在生活中，4号总是认为他们获得爱的来源被夺走了，即他们内心一直在追问：“我曾经被爱过，现在我得到的爱哪里去了？”

因此，不管是什么时候，哪怕是成功、喜悦的时候，他们总是渴望获得他们失去的东西。为了找到这些缺失的东西，4号会一直在寻觅，可是不知道为什么，他们要么一直没找到，要么觉得找到了，却在得到后又发现那不是自己想要的。总之，4 号内心的缺失感很难被填满。

因为关注缺失，他们总是拒绝那些轻而易举就能得到的东西，而将全部的注意力放在那些无法得到的东西上。他们即便获得了实际生活的成功，哪怕这些成功是他们用多年汗水换来的，他们也不会在意这些辛劳成果，因为这不是他们的关注重点——缺失的东西。比如，当 4 号得到了想要的工作，他就会想要一个伴侣；当他得到了一个伴侣，他又会想要单身；当他恢复了单身状态，他又想要工作和伴侣。总之，在他们的眼里，拥有的东西看上去总是枯燥和毫无价值的，而缺失的东西则无限美好甚至是价值连城的。

这种强烈的缺失感是他们经常将自己和他人做比较的结果，也是强烈嫉妒心理的一种体现。因为嫉妒，4 号总是会想："如果我的生活能够有所不同，如果我丈夫的表现能够有所改变，如果我的身体能够更好一点……我就会快乐起来。"总之，4 号永远在关注他人的快乐，而看不到自己的快乐，因此他们总是不满足，这种不满足感就会迫使他们盲目追求不适合自己的东西，这样往往为自己带来的不是缺失被填满的充实，反而使得内心的缺失感越发沉重。

由此可见，4 号要想获得更快乐的生活，需要转移自己的注意力，多关注自己所拥有的，学会珍惜当下的幸福，内心的缺失感及痛苦就会渐渐消失。

## 从自卑的折磨中解救出来

爱幻想的 4 号因为长期的自我疏离而开始产生抑郁症症状，他们性格中的悲观情绪开始被放大，感到自己的价值在逐渐丧失，这让他们产生了莫大的恐慌感，由此产生严重的自卑心理。

4号因为长期沉湎于自己的想象中，因此对于现实中的痛苦和挫折的心理承受能力大大降低，一旦他们的想象与现实生活发生冲突，就会感到自己的梦想被破坏，他们会突然觉得和自己隔绝或分离了。已经完成的和没有完成的事情现在都回到了原点，他们突然“螺旋式地进入”自己的某些核心之中，使他们既感到震惊，又想保护自己免于再失去其他的东西，但他们又发现自己“有心无力”，因此常常陷入长时间的痛苦折磨中，滋生自卑心理。

这时的4号对自己所做的任何事情都感到生气，他们认为自己浪费了宝贵的时间，失去了宝贵的机会，并在几乎每个方面，如个人、社交和职业方面，都落在了人后，这让他们深感羞愧。他们嫉妒别人，任何一个看起来快乐、有建树、有成就的人都是他们嫉妒的对象，尤其是当那些成就是4号无法达成的时，他们更感到深沉的悲哀，更痛恨自己，感觉自己就像斗败的公鸡，没有做出任何有价值的事情，并害怕自己永远也不会成功。

为了不再做让自己生气的事情，4号开始在潜意识里压抑自己，让自己不能再有任何有意义的欲望，因为他们不想再受到伤害，尤其是因为对自己有渴望和期待而受伤害，可结果却突然封闭了所有感情，好像生命突然脱离了肉身一样。所有曾经在创造性的作品中发现的自我实现，曾经有过的梦想与希望，突然间全都消失了。他们转眼间变得精疲力竭、冷漠，将自己和他人隔绝开来，沉浸在情绪的麻痹中，几乎无法正常生活。这时的4号连自我放纵也难以做到了，因为他们根本无法让自己专注于任何事情。

为了将自己从自卑的折磨中解救出来，4号需要提高自己的自尊心，找出自己令他人羡慕的长处，以此来获得自信。4号要学会对自己所做的每件事都给予肯定，以正面、积极的东西来评价自己，更多关注自身的积极经验（正面经历），自尊心才能得到发展和提高。

## 提醒 4 号：人生不只是诗和远方

4 号想要了解自己，想要发现那个独特的自己，因为不了解自己就不知道自己生存在这个世界上的目的，并且也无法发展创造力，然而，他们又是不自信的，害怕最终会发现一个平凡的自我并产生自我憎恨的情绪，因此，他们在面对自己时总是犹豫不决，这就容易驱使他们逃离到幻想的世界中去。假如你和 4 号聊天，会发现一会儿他的眼神就变得空洞了，因为他的思绪早已飞到了远方。

因为喜欢幻想，4 号的美感很好，会用很美的事物来表达自己的感情。比如，从外地出差回来，4 号会带很多漂亮的小礼物送给朋友。这些小东西我们平时都不太关注，就算看到了也不会买，因为我们感觉不到它们的美。可是当 4 号买回来，我们把它们往家里一摆放，却觉得它们非常美了。

在幻想的世界里，4 号获得了许多乐趣，这使得他们常常沉醉在幻想的世界里，寻找事情的真相和真实性，尤其当从现实生活中得不到满足时，他们更是沉迷于幻想，容易抽离。他们越发重视想象力的美化作用，也越来越沉迷于培植有关自身与他人的情绪和浪漫幻想，他们此时已经开始出现唯心主义的倾向。

他们变得自我封闭起来，因为他们开始认为，与世界尤其是与他人太多的互动导致自己创造的脆弱的自我形象走向了解离，他们担心他人会因此耻笑自己或用别的各种方式使他们变得与想象中构想的自我形象全然不同。然而，在想象的世界里，不存在这些问题。

他们开始内化所有的经验，因而任何一件事似乎都与其他事相关联。所有新的经验都会影响到他们，把相关联的意义汇集在一起，直到每件事都被赋予过多的意义，充满了任意的连接。但是因为此时的4号已经开始失去与其情感的联系，因而觉得自身内部一切永久的东西都是混乱、模糊的，没有稳定感。他们开始变得缄默、害羞、忧郁，且极端的个人化，有着痛苦的自我意识。

由此可见，4号需要努力面对现实，不要只是漫无边际地梦想，更要避免在想象中与那些虚假的人或事进行冗长的对话，尤其是要避免那些负面的、充满愤恨的，或者过分浪漫的对话，这样能有效缓解4号的抑郁，使他们更多地看到人生的欢乐。

## 4号人格的交往：感觉对了就出发

### 重视4号的感觉，也让4号知道你的感觉

在人际交往中，4号更关注自己的需求，他们以自己的情绪为主导，跟着自己的感觉来说话，而不去考虑环境、倾听者的性格等个性特征，因此经常使得听他们说话的人常常听不懂，闹出“牛头不对马嘴”的笑话来。

《福布斯》杂志上曾登过一篇名为《良好人际关系的一剂药方》的文章，其中有几点值得借鉴：语言中最重要的5个字是：“我以你为荣！”语言中最重要的4个字是：“您怎么看？”语言中最重要的3个字是：“麻烦您！”语言中最重要的2个字是：“谢谢！”语言中最重要的1个字是：“你！”那么，语言中最次要的一个字是什么呢？是“我”。

然而，许多人在说话中总是“我”字挂帅。美国汽车大王亨利•福特曾说：“无聊的人是把拳头往自己嘴巴里塞的人，也是我字的专卖者。”商务交谈时，如果你在说话中，不管听者的情绪或反应，只是一个劲地强调“我”如何如何，那么必然会引起对方的厌烦与反感。谈话如同驾驶汽车，应该随时注意交通标志，也就是说，要随时注意听者的态度与反应。如果“红灯”已经亮了仍然往前开，闯祸就是必然的了。以自身情绪为主导的 4 号就常常因为“我”而“闯祸”。

一旦 4 号因为过于表达自我情绪而遭遇人际僵局，受到人们的嘲笑和抱怨，他们便会感到自己的独特不被理解，感到很受伤，他们会选择保持沉默，不再与人进行交流，以避免类似的伤害。因为 4 号认为，语言很苍白，他们希望别人能够不需要语言就读懂他们。这样才有意思，如果什么都说出来，那就没意思了。所以，4 号很多时候都推崇潜意识的沟通方式。但大多数人难以理解 4 号的这种沟通方式。因此，4 号常常被迫封闭自己。长此以往，他们就容易陷入抑郁症的旋涡中。

人们在和 4 号的沟通中也需要理解 4 号的感性沟通方式，重视 4 号的感觉，也要让 4 号知道你的感觉、想法。并要根据 4 号的感觉做出相应的回应，以便给 4 号被关注的感觉，帮助他们抒发情绪，走出情绪低谷。总之，人们不要总是以理性来要求他们、评断他们，听听他们的直觉，因为那可能会开启你不同的视野。

## 忧郁是人生中必不可少的修行

4 号喜欢体验生活中悲伤的一面，他们并不是将忧郁看作痛苦，而认为忧郁是生活中的调味剂，忧郁的感觉具有不可抗拒的魅力。

因此他们从不回避忧郁或黯淡的情感，而是将其看作一种自然的心理状态，坦然地接受和理解。对于他们来说，体会忧郁才能探索人性的奥秘，因此他们常常通过体验忧郁来逃避由失落感和苦恼而产生的压力。

我们之所以害怕忧郁，是因为我们将它与痛苦等同起来，其实这是错误地理解了忧郁。要知道，忧郁意识曾经是人类诗性文化的源头，是造就艺术伟人所不可或缺的精神养分。俄国文学家契科夫曾表示："我的忧伤是一个人在观察真正的美的时候所产生的一种特殊的感觉。"从这个意义上来说，忧郁意识是一种更为成熟的生命体验。在忧郁体验里我们意识到痛苦、不幸等那些负面现象所具有的正面意义。

忧郁意识的深刻之处就在于：它所悲哀的并非是一般意义上的生命流逝，而是生命必须（应该）这样流逝。因为它清楚地意识到只有这样，生命才能真正拥有其价值实现其意义，故而它在为生命流逝而悲之际也为其终于完成自身的历史使命而喜。所以雪莱说道："最甜美的诗歌就是那些诉说最忧伤的思想的，最美妙的曲调总不免带有一些忧郁。"

对于 4 号来说，忧郁感来自童年的缺失，是一种不幸的抑郁。这种感觉让个人相信，他们始终处于苦乐参半的状态之中，他们所追求的，是他们所得不到的。4 号性格者说，与普通人所说的快乐相比，他们更愿意接受这种强烈的忧郁。这种伤心的感觉能够唤起他们的想象力，让他们觉得和远方的某种事物建立了联系。对于感到被抛弃的 4 号来说，忧郁是一种情绪，这种情绪能够让他们的生活得到升华，让他们感受到情感的细微变化。

既然人人都有忧郁，忧郁是人生中必不可少的修行，是自我发展中必须经历的阶段，那么我们就应该理解 4 号的忧郁，并像他们一样学着体验忧郁，进一步体验性格中那些黯淡悲伤的情绪，从而更客观、全面地认识自己，找到自己发展的道路。

### 嫉妒是把双刃剑

因为内心存在强烈的缺失感，4 号总喜欢有意无意地和他人进行比较，这种比较可能是很小的事情，比如说穿着；也可能是很大的事情，比如自己的朋友或者同事获得了升迁。在这些比较中，追求独特的 4 号极容易因为自己某些方面比别人差而产生嫉妒心理。

从心理学角度来说，嫉妒是由于别人胜过自己而引起抵触的消极的情绪体验。当看到别人比自己强时，心里就酸溜溜的不是滋味，于是就产生一种包含着憎恶与羡慕、愤怒与怨恨、猜嫌与失望、屈辱与虚荣以及伤心与悲痛的复杂情感，这种情感就是嫉妒。嫉妒者不能容忍别人超过自己，害怕别人得到自己无法得到的名誉、地位等，在他看来，自己办不到的事别人也不要办成，自己得不到的东西，别人也不要得到。对于追求独特的 4 号来说，更是如此。

嫉妒心理不但影响身心健康，还影响学习工作。嫉妒心强，直接影响人的情绪，而不良的情绪会大大降低学习或工作的效率。另外，嫉妒心强可能使我们结交不到知心朋友。嫉妒心强的人往往事事好胜，常想方设法阻止别人的发展，总想压倒别人。这可能使同学、朋友想躲开你，不愿与你交往。从而给自己造成一个不良的人际关系氛围，你会感到孤独、寂寞。

为了避免嫉妒心理为自己及身边的人带来伤害，人们在与 4 号交往时要尽量避免带有炫耀的口吻或行为，还要引导 4 号的嫉妒心理往正向发展：帮助 4 号正确看待人与人之间的比较，更要帮助 4 号学会关注他们在没有进行任何比较时的感受——无需任何努力，一切都发展的不错，自己的想法、感受和行动相互之间非常平衡、清晰、和谐，重复地回味这些时刻，直到他们能够真正理解。通过这种方法，4号就能把自己的情感习惯从嫉妒（不论在大的方面还是小的方面，有意无意地和他人进行重复比较，不时觉得自傲或自卑）转变成平衡（清晰地感受到发自内心的想法、感受和行动之间的和谐关系），他们就能很容易地把嫉妒、自傲或者自卑的感受改变为真诚的欣赏，从而和他人建立和谐的人际关系。

## 认同，让创意十足

追求独特的4号往往具有极强的创造力，他们大多感情丰富，思想浪漫有创意，拥有敏锐的感觉和独特的审美眼光，艺术特长是4号最大的潜能所在。4号是非常感性的人，他几乎每分每秒都在用心感受心底的感受，因此他们的情感就更为细腻，更容易将外界的事物延展到一个大多数人看不到的层次，这一过程就充分展现出了他们的创造才能。而且，4号的所有创意都不用逻辑去思考，也不用创意结构去学，他们一般都是凭借感觉自然完成，这是他们的天分。

在一般的健康状态下，他们会具备强烈的直觉，帮助他们了解他人是如何思考、感受和看待世界的，这也是一种其他型号的人们很难获得的借助潜意识来感知现实的能力。在最佳的状态下，他们以直觉和创造性引领工作，能够去把一些不相关联的事联系起来，并以个人风格和深度来丰富它。

小凡有一双巧手。她从上中学的时候就觉得自己和别人不一样，但那个时候必须要穿校服，这令她觉得特别不舒服。后来上了大学，她就经常把买来的衣服花心思做一些小的修饰，或加一条花边，或配一些饰物，这样就显得她的衣服是如此与众不同，自然也就令周围的女孩都艳羡不已。每当身边的朋友伙伴向她投来艳羡的目光时，她就会觉得她是与众不同的，也就特别开心。

故事中的小凡就是典型的富有创造力的 4 号性格者。4 号拥有别人很难拥有的创造才能，如果得以发挥的话，那么他们所创造出来的作品必定具有感人至深的力量，这是因为他们能够潜入到潜意识的深处挖掘所能找到的真相，再将其反映到他们的艺术作品中，因此他们的作品也常会令人感受到一种难以言述的情感和想法，并会使人为此叹服不已。

为了让 4 号的创造力发挥到极致，人们在与 4 号相处时，需要多给予 4 号肯定和欣赏，认同他们的创造力，不要轻易泄露你的不满意，更不要随意批评他们。因为 4 号非常敏感，即使你心里的不满意没有表露出来，他们也能很快捕捉到这种信息；而且他们还非常自卑，他人的否定和批评极容易加剧内心的缺失感，情绪会变得非常低落，因此也就难以产生创意。

# 第五篇
## 解密5号人格：理性看世界

5号观察者关注自己的私密空间，喜欢安静、独立。他们总是带着距离体验生命，他们超脱于生活，着意控制自己的情绪，不被事务和人际关系羁绊。相对于行动而言，他们更喜欢观察，喜欢理性地思考，对知识和资讯尤为热爱。这使得他们难以意识到自己内心的情绪，也无法向他们表达内心的感受，常常成为孤独的观察者。他们的宣言是：世界是复杂而危险的，我必须学会保护自己。

# 5号人格的爱情：友谊是友谊，爱情是爱情

## 分担家务，给5号更多的时间充电

5号固执地认为知识能解决世界上所有的问题，因此他们将自己的大部分时间都花在了追寻知识上，极少抽出时间来关注身边的其他情况，这是一种典型的吝惜时间的心理。

在爱情中，追求知识的5号由于过度吝惜时间的心理，使得他们总处于一种客观、冷静的特质以及淡然的情绪状态，特别是他们容易忽略身边环境的特质，导致他们很难留意到伴侣精心安排的浪漫气氛，也不懂得享受伴侣为他们策划的生活惊喜，比如生日派对、烛光晚餐，等等。因为他们觉得这些浪漫的气氛不实际，不仅浪费时间并且浪费金钱，还不如多看点书增加自己的知识，丰富自己的内涵。

因为吝惜时间，5号对于琐碎的家务更是不屑一顾，也就不太懂得处理家中的事务。甚至当伴侣收拾家务时把东西摆放妥当之后，他们会因为找不到自己随手摆放的物品而抱怨伴侣乱动他们的东西，耽误了他们的时间。对于家中出现的如物品短缺或电气损坏等情况，他们也不会留意，更不用说主动处理了，连打个电话报修都嫌浪费了他的时间。当然，在他们完成了他们追求知识的阶段性目标或是他们感到思维疲顿时，他们也能欣然地接受伴侣对他们安排的家务

劳动，但仅限于在家中就能够完成的简单事务，比如打扫卫生、收拾东西等，对于那些需要外出并要与人接触的活动，比如缴费、购物等，他们就显得比较为难了，因为那会浪费他们太多的时间，而且他们也不喜欢与过多的人接触。

作为5号的伴侣，你需要明白5号虽然不善于表达情感，但他们内心仍旧渴望你的关爱，因此要多一些精力放在照顾他们的日常生活上，帮助他们打点日常生活，让他们不为生活琐事分心。除了家中的重大决定以外，不要事事都去找他商量，他们对家中琐事根本就没有兴趣。相对于修习学问来说，油盐酱醋对他们太不重要了。即便是大事他们也只是以参与并发表意见为主，最后的决定往往还是需要你做出。所以发挥他们善于分析的优势（也是他们的兴趣），收集有利于做出决定的各种资料，根据他们的分析做出自己的决定，这是有效与5号处理生活事件的方式。这样他们亦会因此觉得你真的在为他创造安全、独处的家庭环境，将你视为与之心意相通的人，愿意与伴侣进行亲密的、深刻的交流，往往能够加深彼此的爱意。

## 大吵大闹，是不明智的处事方法

5号追求理性，抗拒感性，因此不关注自己的情感，很少主动表达情感，更不会主动去说甜言蜜语。而他们本身对情绪、情感的拒绝态度以及一贯的冷静表现，很难让身边的伴侣感受到他们的关爱。虽然不会像他们在生活和工作中的冷漠感那么强烈，但亦会让你觉得冷冰冰，觉得他们似乎对情感根本不在乎，给人一种“心不在焉”的感觉。与此同时，他们对于伴侣主动表达的爱意以及关爱行为也只是被动接受而已，很少表露出感激或喜悦的状态。总之，5号的冷漠常常让伴侣伤心甚至绝望，也因此引发了不少争吵。

从心理学的角度来看，理性的5号的爱情并不属于一发不可收拾的激情，而是在观念里联系起来的一连串思想，包括一些感情成分很低的联想和想象。这就像我们由于怀有某个目的而希望拥有某个对象的心情一样，5号通常会感觉到自己“想”跟某人在一起，而不是满胸快要流泻的热情迫使他们不得不去接近恋人，因此在他们的爱情中难有激情与浪漫，只有冷冰冰的理智时常出来“煞风景”。也就是说，他们的感情反应迟缓，他们很少有什么激烈的表情和动作，别人会因此觉得他们高深莫测，俨如一个世外高人一样。不过他们的内心还是能体会到这份爱意的，只是他们太过冰冷的状态隔绝了内心的爱。

爱情中，他们只会感到有强烈的需要时才会主动表达感受，除此之外，他们大部分时间都是默然不语。伴侣有时会希望了解他们的想法，因此会尝试逼迫他们说出心里的话。然而对于突如其来的要求，5号在没有充分整理和准备的情况下，只会落得脑袋空白一片，哑口无言。他们不是不想说，而是脑筋一时闭塞，反应不过来，不知有何内容可说。故此，伴侣还是不要太介意5号对表情达意的笨拙，或是误会他们这种反应一定是负面的，更不要因此与之大吵大闹，这只会逼迫他们退回到自己的世界，加深彼此的隔阂。

当然，5号退回到自己的空间独处，目的不仅在于回避伴侣当前激烈的情绪，还在于他们也需要在自己的空间里安静、客观地进行思考和分析，并系统化地得出“道理”并与伴侣再次讨论。所以对5号的伴侣来说，与其让他们以逃避的方式来对待矛盾，倒不如你有效地处理自己的情绪，以冷静、客观的态度和他们进行“理”论，反而能给5号伴侣营造一个绝对安全的环境，让他们有勇气表达内心的真正想法以及对情感的感受，同时也会让他们懂得体察别人的感受。

## 要独立，不要依赖

5 号注重个人隐私，因此他们害怕亲密关系，即便在亲密关系中，5 号不太愿意付出。特别在自我的空间和时间上，显得尤其自私。当对方需要陪伴的时候，5 号很可能沉迷在自己研究的领域中不愿抽身，这样往往影响感情的健康和谐。对于自己的内心世界，包括情感和思想，5 号难于跟对方分享，总是保留着自己私密的领地，让人觉得不够坦诚，也影响双方亲密无间的交流。

在 5 号看来，与人越亲密，越容易发生脱离关系，或与伴侣保持距离的念头。一方面这是源于他们一贯以来不想被别人打扰的习性，另一方面，他们也害怕自己会养成对伴侣的心灵依赖症，这样他们便不能继续保持思想上和人格上的独立了。在害怕失去私密的恐惧心理下，他们常常勉励自己，就算伴侣离开了，只剩自己一人，也可以安然无恙地生活下去。虽然很爱对方，他们也会随时做好一切思想上和心理上的准备，提醒自己不要患上恋爱依存症，在伴侣离去的那一天，自我应该维持完整无缺。也就是说，无论多么爱一个人，追求个人私密性的 5 号也不可能日夜与他在一起，得要找些机会喘喘气，才不会觉得被别人过分侵蚀，才能重新找到谈情说爱的精神源泉。

而且，5 号在追求自身私密性的同时也尊重伴侣的私密性，他们能够观察到彼此间想法上的差异，但他们并不是独裁者，他们不要求伴侣与自己像同一个模子印出来般无差别。也就是说，一向欣赏别人有独立思考能力的 5 号反而会轻视伴侣不肯用脑，对自己过分言听计从。简而言之，5 号追求的爱情模式，是纵使相爱，仍然保持两个人各自的自由空间的关系。对于他们来说，另一半无论多么亲密，毕竟也是另外一个个体，既然如此，两个个体之间是很难真正撤去界线的，所以在他们的观念里，恋爱不是两个人的结合，而是两个人不会互相排斥。

然而，5 号这种常要与人保持距离的态度，会叫某些类型的恋人感到很难适应，如一些害怕寂寞、常期望伴侣在自己身边的人，比如时刻需要付出的 2 号、害怕伴侣不忠的 6 号，便会受不了 5 号的“冷淡对待”，这常常使伴侣感到自己不被需要、不被爱，由此引发怒火，激发矛盾和争吵。

因此，作为 5 号伴侣，需要深入理解 5 号这种注重个人私密性的独立心理，消除自己对 5 号的依赖心理，培养自己的独立性，更多关注自己内心的需求，才能在爱情中寻找到合适的距离，保持爱情的甜蜜。

## 与伴侣保持一定的距离

5 号注重个人的私密性，因此他们在人际关系上不太积极，喜欢自由独立的工作，沉醉在知识、信息的世界里。所以很多 5 号很难开始一段感情，因为他们不想被打扰，不愿受束缚。很多人从大学开始谈恋爱，但 5 号在大学时期对异性一般没什么兴趣。即便身边的朋友同学都开始出双入对，5 号也不为所动，因为在他们看来，看些书、做点研究，做一个有思想、有见解、有思考能力的人，比谈恋爱有趣得多。

即便是在恋爱关系中，他们也希望拥有自己的个人空间，能够与伴侣保持一定的距离。他们往往会将伴侣从他们的朋友圈子中隔离，以避免自己将感情生活与人际交往混在一起，泄露自己的私密。

在5号看来，爱情是爱情，友谊是友谊，工作是工作，他们在这些不同的场景里扮演不同的角色，有着不同的情感态度，因此他们绝不容许自己将这些情感混淆，这容易导致他们个人私密信息外泄，威胁到他们的个人空间。也就是说，职场里的同事就只是同事，他们不会发展为亲密知己，业余兴趣活动的朋友就仅只是在活动中交流已足够，不必让他们介入自己别的圈子中。同样，他们认为，伴侣只是自己爱情世界的存在人物，也不应当介入他们其他的圈子，那样会侵犯他的私密性。

然而，5号这种过于关注对学术的钻研、很少关注伴侣在情感上的需要的行为，常常使伴侣感到受冷落，觉得自己不过是他们生活中的一个可有可无的元素，由此产生抱怨，甚至激发彼此间的争吵和矛盾。

作为5号的伴侣，需要深入了解5号追求独立的心理，以免误解5号。从深入心理分析的角度来看，5号与他人在一起时，由于他们懂得建立起一个感情的保护网，外界对他们造成的适时冲击并不大，这令他们很少会经历情绪上的大起大落，故此也可以说，5号与伴侣在一起时也不会感到特别情绪高涨。不过面无表情并不代表他们不重视伴侣，这是因为第五型必须要用“反刍”的方式来感受爱情，当他们静下来的时候，就会反复体味伴侣的种种好处，这时他们便会确认自己是爱着对方的。甚至有些时候就是在独自思考如何与爱人更好地相处，并把与爱人相处的方法当作了研究的课题。因此，作为5号的伴侣，你要满足他们需要独处的需求，给他们一些私人空间，往往能为彼此赢得一个“亲密有间”的甜蜜爱情。

# 5号人格的职场：用行动实践理想

## 一幅图胜似万语千言

5号具有较强的系统化思维能力，他们喜欢将身边的人、事分门别类，并根据类别分而治之以保持自己清晰、客观冷静的态度。他们在讨论和分析工作的时候，习惯用图表的方式来系统地表达思路或想法，亦会同样要求下属在提交文件或汇报工作的时候多多利用图表表示。总之，他们对“简洁、清晰”的追求让他们认为“一幅图胜似万语千言”。

因此，人们在面对5号上司时，要学会客观、冷静地以文字化的结合图表的分析来表达工作意图。把精力更多放在如何更好地收集资料，并对工作进行多方面分析上，以确保自己在5号人格上司组织的团体讨论中得到赏识，才是表现自己工作实力的关键。

维斯康公司是美国20世纪80年代最为著名的机械制造公司。詹森和许多人的命运一样，在该公司每年一次的用人招聘会上被拒绝了，但是詹森并不灰心，他发誓一定要进入这家公司工作。

于是，他假装自己一无所长，找到公司人事部，提出为该公司无偿提供劳动力，请求公司分派给他任何工作，他将不计任何报酬来完成。公司起初觉得简直不可思议，但考虑到不用任何花费，也用不着费心，于是便分派他去打扫车间的废铁屑。

一年下来，詹森勤勤恳恳地重复着这种既简单又劳累的工作。为了糊口，下班后他还得去酒吧打工。尽管他得到了老板及同事们的一致好感，但仍然没有一个人提到录用他的问题。

1990年初，公司的许多订单纷纷被退回，理由均是产品出现质量问题，为此公司将蒙受巨大的损失。公司董事会为了挽救颓势，召开紧急会议，寻找解决方案。当会议进行一大半还不见眉目时，詹森闯入会议室，提出要见总经理。在会上，他就该问题出现的原因做了令人信服的解释，并且就工程技术上的问题提出了自己的看法，随后拿出了自己的产品改造设计图。

这个设计非常先进，既恰到好处地保留了原来的优点，又克服了已经出现的弊病。总经理及董事觉得这个编外清洁工很精明在行，便询问他的背景及现状。于是，詹森当着高层决策者们的面，将自己的意图和盘托出。之后经董事会举手表决，詹森当即被聘为公司负责生产技术问题的副总经理。

原来，詹森利用清扫工能到处走动的特点，细心察看了整个公司各部门的生产情况，并一一详细记录，发现了所存在的技术问题并想出了解决办法。他花了一年时间搞设计，做了大量的统计数据，终于设计出了科学实用的产品改造设计图。

詹森的成功就在于他在做好本职工作的基础上，全面了解公司技术层面的信息，从而对公司的发展提出了系统化的建议，拯救公司于危亡之际，自然赢得了总经理及董事们的信任和赏识。

对于注重理性思维的5号上司来说，他们更看重下属是否具有冷静、客观的工作态度以及系统化分析问题的能力。因此，人们在向5号上司提交计划时，需要着重突出自己的系统化思路，不仅要提出问题，更要提出深刻而有效的解决方案。

## 应酬，5 号员工的短板

5 号十分注重自己的个人私密，时刻担忧外人会侵犯自己的私密空间。他们认为，外面的世界充满了危险和侵犯性。他们害怕与人打交道，不愿意处理人际关系，宁愿待在自己的“城堡”里，自得其乐。然而，在现实生活中，他们往往难以寻找到可供隐居的世外桃源，他们免不了要和他人接触，为此他们选择在自己与他人之间维持一个安全的距离，以防他人靠得太近，使得自己丧失防护能力。

曾经有一个 5 号性格者这样描述自己恐惧社交的情况：

我不喜欢和人相处，因为我总是担心会在别人面前出丑，在参加任何社会聚会之前，我都会感到极度的焦虑，我会想象自己如何在别人面前出丑。当我真的和别人在一起的时候，我感到更加不自然，甚至说不出一句话。当聚会结束以后，我又会一遍一遍地在脑子里重温刚才的镜头，回顾自己是如何处理每一个细节的，自己应该怎么做才正确。总之，每次聚会都让我高度紧张，压力特别大，有好几次我都觉得自己要精神崩溃了。朋友们都说我这是“社交恐惧症”，应该去向心理医生咨询。

5 号为了保护自己的私密不被侵犯，他们总是把外界妖魔化，认为外界的一切都富有进攻性，为了抵挡外界侵袭，他们需要时刻警惕，做好防御措施。因此他们恐惧一切社交活动：怕被别人注视；恐怕自己会做出丢脸的言谈举止或表情尴尬，怕自己在别人面前张口结舌，怕吃饭时由于有人注视而丑态百出，怕得手发抖以致无法写字……总之，他们经常因为心里的恐惧感而导致生理故障：焦虑，面红、心慌、震颤、出汗、恶心、尿急，等等。

由此可知，5号不适宜做应酬方面的工作。因此，领导者在工作过程中，要尽量减少或干脆避免让5号人格下属身处或出席社交场合，因为他们不善于或者说拒绝情感交流的特质会让他们很难适应人际交往的环境，有些时候甚至会弄巧成拙。

此外，领导者要理解5号员工喜欢独处、善于思考的内在特质，尽量安排他们在研究岗位上，并大力支持他们的研究工作。但是，领导者也要帮助5号员工树立社交意识，要时常提醒或者说是点醒他们当下“办公室政治”的气候，以免他们忽略这一状况反而让自己和部门陷入“政治斗争”的泥潭中。

### 间接沟通，最有效

5号上司认为维护自己隐私的最好方法，就是与他人保持距离。因此他们可以回避与他人的亲密关系，尽量避免和他人面对面沟通的情况，即便在工作上遇到问题需要交流的时候，也是如此。因为他们不愿意面对当面沟通时的情绪、情感，再加上5号人格本身“少言寡语”的特质，让他们在管理工作中很少以面谈的形式进行交流，而喜欢以文字的方式表达，比如QQ、MSN、Email等所有虚拟沟通工具，都是他们最喜欢采取的工作沟通手段。而且，他们确实在应用文字沟通方面比当面言语沟通条理清晰，意图明确。

5号人格上司在沟通上的这种方式，让他们很少与职员产生亲切的人际关系，或者说他们很少与职员“打成一片”，因为过于亲密的关系不利于他们冷静、客观的态度，亦会破坏他们对人际关系简单、清晰地划分。一般来说，在办公室的环境中只有固定的几个时间可以见到5号人格上司：早晨上班、中午午餐、晚上下班，当然还有中间去洗手间的时候。大部分时间他们都是独自在自己的办公室中通过各种非面谈的沟通工具处理事务。另外，5号人格上司因为不善于处理办公室政治，所以干脆拒绝它，亦因此有可能拒绝了工作中的人际交往。

因此，当面对5号上司时，人们需要激发自身的独立性，独立处理5号上司安排的工作。但这里的独立处理不是指完全独立操作，而是自己独立地调动职责授权内的资源以及团队，以独自担纲的方式来完成本职工作，尽量不要去打扰5号上司的工作。除非是自己的职责授权以外的情况，否则尽量不要以当面交流的方式与5号上司沟通，因为这不仅会让他们产生措手不及的感觉，还会让他们觉得你过多占用了他们独自处理工作的时间。所以，最好的做法是，在他们安排工作的同时，就把你不明白的事情提出来，并且直截了当、简明扼要地表达你的不清楚，并提出讨论的要求，这样你才会收获最有效的工作指导。

如果是工作过程中遇到问题需要沟通，那么先采取邮件的方式描述事件，并在邮件中约定需要与其面谈的时间，得到对方的回复确认后，再在约定的时间与其进行讨论。但要注意预留给5号上司至少一个小时的思考和准备时间，以保证沟通的顺利进行。

## 说得多，不如做得好

在领导者眼里，5号是独立、踏实的员工。他们在工作中比较关注"做事情"，很少用言语进行表达或沟通，总是默默勤奋地工作，即便工作成就已经有目共睹的时候，他们也很少表现出为之兴奋的样子，仍旧默默做着事情。当有他人赞赏的时候，他们也只是报以微笑而已。

他们擅长思考，在工作中采取的每一项行动或决定都须经过深思熟虑、多方印证。为了顺利完成自己的工作任务，他们能够加班加点地奋斗，很少给自己放假，特别是在精神上，因为他们的固定工作时间不足让他们完成分析和思考的工作，所以他们需要利用工作以外的时间收集资料进行研究并多方印证，以确保8小时内的工作效率。

他们将工作和生活分得很清楚，这主要体现在他们在办公环境中处理人际关系方面。比如，他们对于朋友和同事的判定简洁、清晰，工作时认识的人一律称为同事，绝不会和同事交流工作以外的任何事情，更不会谈论工作环境中的人际关系话题。也就是说，5号员工在工作时只会谈论与本职工作相关的事情，因此不会陷入复杂的办公室政治中。

正是因为5号这种极强的独立思考的能力，使得他们习惯按照职责以及职位层级的本分开展工作，不会出现越级工作的情况。5号员工喜欢在工作中以被动方式接受工作任务。也就是说，对于原本就已经承担或正在开展的事情他们绝对负责到底，但他们极少主动要求承担新的任务，这就是他们本分的表现。

他们对自己的工作有着较为严格的流程规划，因此他们也时刻关注外在变化。一旦他们发现有新任务出现的迹象，就会忙于做好准备工作，防止突发状况。因为他们面对突发事件往往反应不自然，容易出现束手无策的窘然情况，亦会因此给人一种“不自在”的感觉。这份不自在的感觉也表现在他们在人际关系处理上很少懂得圆滑，因为他们不认为这是自己在工作上的本分。

由此可见，5号具有极强的独立思考的能力，他们也擅长于独立处理事情，从不轻易与人合作。针对5号员工的独立性，领导者要充分尊重他们的独立性，需要为其明确工作方向，订立具体的工作目标，并且放手让他们去开展，因为他们独立思考和分析的习惯以及任劳任怨的工作风格一定会确保工作目标达成，且不会出现工作误差。如果你对 5 号进行过多的工作指导，容易使 5 号感到个人隐私被侵犯，反而使得 5 号无法安心工作。

## 帮助 5 号从理论的世界中走出来

5 号具有极强的逻辑思维能力，能够把他们观察到的一些局部数据，很快地上升为一种理论。然后，让自己的思维固定在这个理论上，当生活中的事物与他们的理论不相符合的时候，他们会否定生活，强行地用自己的理论去解释生活。也就是说，5 号多是重理论而不重实践的人，这就使得他们常常做出违背现实的事情，从而阻碍了自己的发展。

荣获诺贝尔经济学奖的教授萨缪尔森认为："人们应当首先认定自己有能力实现梦想，其次才是用自己的双手去建造这座理想大厦。"因此，领导者要帮助 5 号员工从理论的世界中走出来，用于面对现实，用行动去实践自己的理想。

凯伊拉当初是一个小村庄的青年，一次他对母亲说："妈妈，我想到美国去上大学，你能答应我吗？"当时，他的母亲并不知道美国在哪里，凯伊拉并不想让他的母亲知道美国在哪里，因为他害怕母亲会因此而改变主意。

"很好，"母亲说，"你准备什么时候动身呢？"

"谢谢妈妈，我想明天就出发。"

第二天，凯伊拉就带着母亲准备的一些让他在路上充饥的玉米上路了。凯伊拉知道，要到达目的地必须经过一个大陆和一个大洋，但他并不认为他无法到达。

后来，凯伊拉到达美国，完成了自己的心愿，并且经过了不知多少波折后成为英国剑桥大学的一名政治学教授，而后又成为他的祖国——乌拉圭的总统候选人。

凯伊拉的愿望看来不可实现，但是他没有被困难吓倒，而是决定了就去做。黑格尔曾经一针见血地指出：世间最可怜的，就是那些遇事举棋不定、犹豫不决、彷徨歧路、莫知所趋的人；就是那些没有自己的主张、不能抉择、唯人言是听的人。过于注重思考的5号往往就是这种犹犹豫豫、毫无自信的人，缺乏的就是敢想敢干的胆略。

因此，领导者在面对爱空想不爱实践的5号员工时，要使他们认识到行动的重要性，帮助他们敢于实践，敢于将理想付诸行动。因为梦想需要拼搏，没有实践的梦想，终归会化为泡影。只有自己扎扎实实地去努力，去创造，才有可能把愿望变成现实，才能为自己赢得良好的发展。

# 5 号人格的性格：冷眼旁观，洞若观火

## 学会关注自己的情感

注重个人私密性的 5 号其实有着强烈的无助感，他们感到自己时刻受到外界的威胁，因此他们必须与他人保持安全的距离，以保护自己对主控权的疯狂追求。然而，这种隔离他人的孤独常常使得他们十分绝望，很难适应生活，对世界也十分反感，并认为自己在社会中已无容身之所，所以他们背对着社会，变得极端孤立和孤独，越来越怪僻，陷入虚无主义的绝望之中难以自拔。

他们不允许他人怀疑、嘲笑和不理睬他们的想法，因为在他们看来，这是侵犯他们隐私和自由的行为，容易激起他们的攻击性。这时的 5 号会为了维持自己仅存的、且完全一厢情愿的一点点自信，变得极其无礼：怀疑他人、嘲笑他人、贬低他人、伤害他人。这又容易激起人们排斥，使得 5 号和他人的关系越加疏离。

他们极度推崇节制主义，认为只要清除掉自己的一切，只留下最基本的生活保障品，就能使自己获得独立，并因此不致被任何人或任何事所钳制一样。他们的节制行为甚至可能达到极端的程度。比如，他们可能把汽车丢掉，一个人窝在一间废弃的屋子里生活，这样他们就不再是“某个体系”的一部分；他们可能漠视自己的身体，从来不注意自己的形象，吃得很差，过着乞丐一般的生活。然而，

这种不受现实钳制的行为往往使得5号越发脱离现实，越发感到无助、恐惧。

由此可见，5号之所以感到无助，重点在于他们逃避自身的情感，然而情感并不因被逃避就不存在。尽管5号注重理性思维，总是和逻辑性强的书籍、资料打交道，表现得像个冷冰冰、没有情感的电脑一般，然而，5号毕竟不是机器，而是有着七情六欲的人。尽管他们可能意识不到情感在人际关系中的重要作用，但因为忽略情感带来的种种伤害和痛苦是真实存在的，当5号无法用那些冷冰冰的数据和理性思维消除这些伤害和痛苦时，他们内心的无助感便油然而生。

只有当5号学会关注自己的情感，在任何环境里都不惧怕自己的感觉和情绪，从理论走向现实，他才对世界有了更真实的体验，才能为自己找到正确的发展方向。

## 从自己的世界里出来，过有智慧的生活

5号十分注重他们的内心世界，他们希望自己成为一个思想者。因此他们喜欢安静，独立，关心自己的私人空间，喜欢独处。在他们看来，精神上的思考比行动更为重要，因为他们认为世界是复杂的，它会侵犯5号的隐私，因此5号只需要躲在自己的私人空间里，就可以认识外部世界，也可以保护自己，回归自我。总之，5号常常给人以“冷眼旁观”的感觉。

他们渴望建立一个私密的空间里，他们能在此休息、思考，周围都是他们熟悉的物品。在这个地方，他们感到安全，他们能够躲避来自外界的侵犯，并在这个充满记忆和象征性物品的天堂里整理自己的思绪。为了维持这个独立空间，5号会收集所有他们需要的

东西来保证他们的自由，并尽量克制自己的欲望，过节俭的生活。他们能从节制中获得快乐，他们喜欢做一件事情耗费的资源越少越好，因为这样他们就不必担心要去请求他人。

大多数时候，5号为了保护秘密，宁愿忍受分离的痛苦。因为长时间忍受寂寞，使得他们内心极度渴望那些短暂、激烈而极具意义的相遇，他们渴望寻找到知己：那些极少数能够分享他们的秘密的人。也就是说，5号喜欢的是私人顾问、个人空间、秘密爱情。因为在和这些人的交往中，5号能够通过与对方交换隐私来获得一种私密的联系，更能通过非言语的亲密性接触，从而使自己感觉到一种秘密的联系。因此，5号认为性生活是生活中感觉最自由的一部分。

为了保护自己的私密，5号还学会将注意力不放在自身的感觉上，也不放在外界的人、事身上，而放在如何制造自己与外界的人、事的距离感上。他们喜欢隔离，却不会完全撤退到自己的私人空间，或者在自己身边树立起情感的围墙，而是把自己的感情排斥在外，站在自身之外的某个位置来观察一切。这种注意力的支配习惯在面临压力、亲密关系，或者毫无准备的情况时表现得尤为明显。5号可以把自己的注意力全部集中在身体之外的某个点上，通过这种方式让自己消失。

然而，5号这种习惯抽离的心理和行为常常导致他们与现实脱节，阻碍了他们获得知识背后的真相和智慧，也就阻碍了他们的发展，因此，5号要学着从自己内心那座孤独的城堡中走出来，多和其他人交流，才能过上有智慧的生活。

## 提醒5号：理论须走向实践

5号最怕的是自己无助、无知、无能，他们希望自己是既有知识又能干的人，渴望拥有一种全知的心境，能够深刻而全面地认识世界。他们对于物理世界中的物件和现象比较感兴趣，所以5号更愿意花大量的时间来独自分析和研究外部世界的事物和现象，因此他们往往能成为某一领域的专家、学者。

对于习惯从身体退缩到内心的5号来说，只有丰富的知识能安抚一个害怕失去感觉的人，让他不再害怕；只有丰富的知识才能满足一个人的预知感，让其能够保护自己免遭潜在的侵犯。因此他们对于知识总有无休止的渴求，他们非常喜欢附属，并坚信世间的一切都可以通过书籍得到，甚至是那些人与人之间的情感、情绪的交流，他们也会先通过观察，然后再去书中得到与自己观察相对应的解释，并把这种解释当作是解读某一类情绪、情感的真相，以便自己在下次遇到类似事件以及由此带来的情绪、情感时调用。

5号对于周遭一切不了解的事物，他们都会主动去收集资料，然后集中所有材料去做进一步的分析和了解。但是，当5号完成资料的收集后，往往会因为不知道事实与数据间到底有多大距离而不敢贸然行动，他们会进一步去寻求更多的资料来核对现有的资料，经过一番缜密的求证过后再采取行动。所以5号做事总是慢吞吞的，但做事的结果，大多时候还是会令人十分满意的。

此外，5号常常因执于追求知识而疏远他人，因为他们过高地看重知识的重要性，误以为追求知识，就必须远离他人；误以为拥有了知识，自己的内心就具备了自我拯救的力量。然而，一味地追求知识，按理性思考问题，能促使理智发达，却可能使其缺乏实际的动手能力；而且，远离他人，独自思考，容易陷入自我主义的陷阱，导致看问题片面化、主观化。

要知道，真正的全知心境并不是说要了解一个给定事物的所有知识，或者是建构一个完美的体系来安排所有事情。全知更像是让内心的观察者发挥作用，让自我的意识与过去、现在和未来的所有可能联系在一起。也就是说，当 5 号不再为了知识而追求知识，学会从理论走向实践，就能获得全知的心境：说正确的话，做正确事，快速化解意外和冲突。

## 泰然处之，不惊不慌

英国神学家詹姆士·里德说过："许多恐惧都是来自我们对我们生活于其中的世界不理解，来自这个世界对我们的控制。"人的本性里就包含着对未知事物的恐惧，在生理上，老天给了人类这个种族的就是白天能看到，而夜晚看不到的眼睛。有人怕黑，其实黑本身不可怕，可怕的是你不知道黑暗背后隐藏了什么，人的想象力是无穷的，在没有安全感无依无靠的孤单状态，容易悲观。由此可见，面对未知的世界时，人表现出来消极的一面会阻挡人们向美好却有风险事物前进的步伐。在九型人格的 5 号性格者身上，这种对未知的恐惧心理表现得尤为突出。

当然，5 号在面对内心对未知的恐惧时并未一蹶不振，而是坚信拥有知识就能抵御未来中那些不可预知的危险。因此，他们认为准备不足或意外是非常可怕的，他们喜欢在做某件事前，设法收集所有相关信息，并预演一番，以便能及时应变。比如，事前知道在会议等场合该说什么、说几个小时，这都在 5 号的考虑范围内。

他们在表态或做出结论之前，已经进行了翔实的调查和周密的思索，甚至在思索中把每一个小细节都分别去分析，一个个地单体分析后，再将其串联起来分析，感到万无一失后才公布于众。因此，假如 5 号预测某件事会发生，这件事十有八九会发生，因为 5 号从事物发展的规律中看到了一些迹象，并根据自身的分析和推理得出了较为准确的结论。

当事情结束后，5 号会回顾细节，他们不断地在内心里检视，也许还会重新设计发生的事。他们会记得一切细节，并且总结经验、教训，为下次事件做好准备。而且，在这个不断检视的过程中，5 号可以再次掌控感情、自我及领域中的一切。

但生活在不断变化，因此 5 号无法预料所有的事情，也就无法为所有事情做好准备。一旦发生预料之外的事情，5 号会措手不及、慌乱不堪。因此，5 号还是应注意培养泰然处之的态度，以便处在无法预测的状态或混乱当中也能冷静处理，还可以有效缓解内心对未知的恐惧。

## 5 号人格的交往：看到别人看不到的地方

### 5 号——感性的“绝缘体”

5 号是非常理性的，他们有时候严谨得像一台电脑或机器。感情极少外露的他们，一生都在进行感性与理性的博弈。与 2 号的情绪化、4 号浪漫主义者的过分感性相比，5 号观察者简直就像是感性的“绝缘体”。

5号对理性的关注使得他们善于观察，敏锐的神经让他们能够准确地捕捉到有用的信息，触角多得几乎可以深入到任何角落。这是他们的优势，也是别的性格的人无法与之比拟的地方。善于观察、勤于思考，喜欢总结就是观察者们最好的写照。他们总是能够看到别人看不到的地方，他们缜密地思考，然后客观地下结论。观察者们的成功多半要感谢他们喜欢观察和思考的个性。

某大公司招聘人才，应者云集，其中多为高学历、多证书、有相关工作经验的人。

经过三轮淘汰，还剩11个应聘者，最终将留用6人。因此，第四轮总裁亲自面试，将会出现十分“残酷”的场面。可奇怪的是，面试现场出现了12个考生。总裁问：“谁不是应聘的？”坐在最后一排的男子一下子站了起来：“先生，我第一轮就被淘汰了，但我想参加一下面试。”在场的人都笑了，包括站在门口闲看的老人。总裁饶有兴趣地问：“你连一关都过不了，来这儿又有什么意义呢？”男子说：“我掌握了很多财富，我本人即是财富。”大家又一次笑了，觉得此人不是太狂妄，就是脑子有毛病。男子接着说：“虽然我只有一个本科学历，一个中级职称，但我有11年工作经验，曾在18家公司任过职……”

总裁打断他：“你学历、职称都算不高，工作11年倒是很不错，但先后跳槽18家公司，太令人吃惊了。我不欣赏。”男子站起身：“先生，我没有跳槽，而是那18家公司先后倒闭了。”在场的人第三次笑了，其中一个人说：“你真是倒霉蛋！”男子也笑了：“相反，我认为这是我的财富！我不倒霉，我只有31岁。”

这时，站在门口的老人走进来，给总裁倒茶。男子继续说：“我很了解那18家公司，我曾与大家努力挽救那些公司，虽然不成功，但我从那些公司的错误与失败中学到了许多东西，很多人只是追求成功的经验，而我，更有经验避免错误与失败！”

男子离开座位，一边转身一边说：“我深知，成功的经验大抵相似，而失败的原因各不相同。与其用11年学习成功的经验，不如用同样的时间去研究错误与失败；别人成功的经历很难成为我们的财富，但别人的失败过程却是！”

男子即将出门时，忽然又回过头说：“这11年经历的18家公司，培养和锻炼了我对人、对事、对未来的洞察力。举个例子吧，真正的考官不是您，而是这位倒茶的老人。”

全场11个面试者哗然，惊愕地盯着倒茶的老人。那老人笑了：“很好！你第一个被录取了，因为我急于知道，我的表演为何失败。”

可以说，这个故事中的真正考官——倒茶的老人就是一个典型的5号性格者，他喜欢站在倒茶者这一独特的旁观者位置来观察应聘者的行为就很好地证明了这点。这位应聘成功的男子不一定是5号性格者，但他身上具备了5号的优势——敏锐的观察力，这正是5号所欣赏的特点。

由此可知，面对擅长观察的5号，你也需要具备“明察秋毫”的眼睛与缜密思考的心思，才能赢得5号的信任，从而走进5号的世界。

## 顺着5号的兴趣来说话

和九型人格中其他人格类型相比，5号可以说是最不喜欢人际关系的人格类型。他们性情安静，喜欢独处。对于他们来说，在没人的时候，感情会更丰富。他们认为，孤独是他们获得丰富个人生活的基础。而当他们置身于人际交往中时，他们常常会感到焦虑和不安，害怕他人侵犯自己的私密空间，因此他们总是有意在自己和他人间营造距离感，努力将自己置于一个旁观者的位置，清醒地观察他人的行为，分析每一个人行为背后的动机，并做出正确的判断。

为了保证自己的独立性，5号习惯在与他人沟通时以自己的兴趣为导向，不太注意别人的感受。因此，大多数时候，5号与人交流的语气是非常平板和没有情感色彩的，非常有条理，而且言简意赅、喜欢直奔主题，绝不多说一个字。尤其是当他们对对方的话题不感兴趣的时候，他们更是惜字如金，很少发表意见，即便有，也是敷衍性地说几句话。

但是，如果5号在沟通中遇到他们感兴趣的话题，他们则不再沉默寡言，变得滔滔不绝，甚至主动找别人聊天，这样做是为了“收料”。只要对方在简短的几句话中有独特见地，就会吸引他们对之产生兴趣，主动找上门，但当他们收够“料”后，或者不能在对方身上找到新知识，就会冷淡下来。如果他们判断出与之交谈沟通的人的智力比较低或知识面不够广，他们会突然就不再说话，不想继续沟通。不过，有时候，5号在沟通时的沉默未必是拒绝，也许是在仔细地品味。

此外，当5号遇到学术性问题时，他们喜欢展示他们极强的分析能力。比如，他们在谈到具体问题时，会出现这样或类似的语言：解决这个问题有5个步骤，第一个步骤包含8点……当别人听到第4点时，已经很累了，但他却感到奇怪：我还没讲到重点呢。

5号具有敏锐的观察力，因此他们对非言语的征兆非常敏感，如果你没有表现出很感兴趣或不具威胁的样子，他们就会退缩并将自己封闭在内心的世界里，从而使你们的沟通造成困难。这时，人们需要在尊重5号独立性的基础上，顺着5号的兴趣来说话，比如从他们喜欢的学术话题入手，往往能激发他们沟通的欲望。

## 以热情的态度去对待5号

5号注重个人的私密，他们努力营造一个不受外界干扰的个人空间，在这个空间里，他们感情丰富，他们的脑海里充满了快乐的空想和有趣的问题。但一旦他们进入现实生活中，他们的注意力就集中在对自我隐私的保护和对他人的防御上，他们总是感到被威胁，他们也就难以在别人面前表现出真正的自我。只有当他们站在旁观者的位置，冷眼旁观一切，内心的恐惧感才有所降低。因此5号总给人一种冷漠的感觉。

由此可见，5号的冷漠不是他们无情的象征，而是他们不懂得表达情感所致。即便他们内心已是情绪激荡的状态，他们表面上也会不动声色。因此，人们在与5号相处时，要学会习惯5号的冷漠，更要以热情的态度去对待5号，激发他们内心的热情，从而增强他们的主动性。

曾经有一个5号这样描述自己的一次住院经历：

我有一次生了很严重的病住进医院，全身都不能动弹，终日都得躺在床上。我感到绝望极了，总觉得自己马上就要死了，痛苦万分。我住的病房很小，只有一扇窗子可以看见外面的世界，我的室友的床就靠着窗。他看我全身不能动弹，于是便努力给我解闷。他每天下午可以在床上坐一个小时，每次坐起来的时候，都会描绘窗外的景致给我听。从窗口可以看到公园的湖，湖内有鸭子和天鹅，孩子们在那儿撒面包片、放模型船，年轻的恋人在树下携手散步，人们在绿草如茵的地方玩球、嬉戏，上面则是美丽的天空。

我静静地倾听着，享受着每一分钟：一个孩子差点跌入湖里，一个美丽的女孩穿着漂亮的夏装……室友的诉说几乎使我感觉到自己亲眼目睹了外面发生的一切，我忽然感到生命的美好。

某天夜里，室友因为抢救无效而死亡，我得以搬到靠窗口的位置。当我用肘撑起自己，吃力地往窗外张望，才发现窗外是一堵空白的墙，我愕然了。但我也被室友积极的生活态度所感染，从此以后总是乐观地看待生活，我的身体也渐渐好转。

舞蹈家玛莎格雷厄姆将热情理解为：“一种生机，一种生命力，一种贯穿于自我的令人振奋的东西。”在人际交往中，热情的态度是获得他人信任、维持友谊的关键。

5 号多是面冷心热的人，他们在面对人群表达自己时往往有困难，不善于表达自己的情感，因此总给人以冷冰冰的感觉。然而，人们不要被 5 号的冷漠所吓倒，而要表现出亲切的善意，以热情的生活态度去感染他们，激发他们对生活的热爱。

## 亲密有间，友谊的不二保鲜法

5 号性格者就像是一位冷眼旁观的裁判，用他的世界观来替整个世界评断。他们的性格如果用一种颜色表示的话，应该是灰色。他们如灰色一样无所不包，也像灰色一样低调不张扬，还像灰色一样与周围的世界保持距离。他们总是一副不愿意与别人“深交”的样子，保持一种“君子之交淡如水”的交往习惯。有的人喜欢和人“自来熟”，他们看不惯观察者的交往艺术，认为这是种冷漠。其实，这恰是观察者深得与人交往艺术的地方，因为保持距离是一种安全，也是让友谊长久的“保鲜法”。

从心理角度来看，5号之所以要和他人保持距离，是因为注重个人私密性的他们害怕自己在和他人的接触中产生太多情绪感受。他们认为拥有情绪、会表达情绪、会变得情绪化的人就是“不正常”的人，唯有理智、客观的人才是“正常人”。所以他们总是逃避人际关系，避免介入感情太深，不喜欢情感上的牵累，认为爱或憎恨会带来烦恼，他们觉得满足别人的期望及投入一段情感关系都是负累和约束，这会打扰自己的情绪和思想世界。

从世界发展的规律来看，距离是万事万物和谐存在的原因。大千世界，万事万物，之所以能和谐而有序的存在着，就是因为它们彼此间存在空隙或距离。太阳系九大行星，各自在自己的轨道上运行着，有规律、有秩序，如果其中一颗或几颗要“亲密无间”，那就会造成两星相撞的宇宙大灾难；农民在播种的时候，都讲究株距多长，行距多宽，如果庄稼间的间隙或距离太小，庄稼就会减产；人与人的交往也是如此，如果天天黏在一起，彼此间难有新鲜的话题，容易产生厌倦感，这对于不断追求新知识的5号来说更是如此。

因此，人们在与5号相处时，要注意保持距离，尊重5号的个人私密空间，做到亲密有间地交往，往往能赢得5号长久的信任。反之，过于亲密的关系常常使得5号感到不安全，觉得自己的隐私被侵犯，容易激发他们的怒火。

## 在5号面前做个博学的人

5号认为世界上的一切问题都能通过知识解决，为了避免自己陷入无知、无知、无能的困境，他们认为自己必须通过知识来实现成就。也就是说，5号总是对自己说：“当我成为某个方面的专家时，我就能解决一切问题。”

5号对知识的渴求成为了一种推动力，不断推动他们钻研各种学术或研究各种原理。因为他们对自己抱有一份“不可以有不知道”的态度，同时认为只有通过学术研究或对知识的学习才能够让自己产生了解一切的充实感。同时，他们对于知识的探求又不是那种同时对很多领域产生兴趣、一头扎进书本的方式，他们往往是在现实中经历了某些事件，并在事件中发现了自己原本没有接触过的情况，包括出现了以往没有体验过的情绪、情感的时候，他们就会对这份原本没有过的体会产生疑问。此时他们就会产生一份因“自己不了解”而空虚的感觉，进而在接下来的时间里搜寻与那些情况相关的一切资料，潜心研究。他们会把资料看作是最有价值的物件珍藏起来，久而久之养成收藏图书的习惯。

他们热衷于追求有深度的知识，越深刻、越抽象的东西，他们越喜欢分析。只要人们略加观察，就会发现你身边的5号不是躲在大学或者科研机构中埋头搞研究，就是沉迷于那些砖头一般厚的典籍中难以自拔，总之，他们的生活总是围着知识在转。

在与人交谈时，他们总是言简意赅，直奔主题，因为他们觉得把该说的事说完就好了。谈到学术性话题或5号感兴趣的方面时，5号会变得滔滔不绝，其目的在于为自己搜集更多的材料。而且，当他们搜集到自己需要的材料或是在对方身上找不到新知识时，他们又会变得沉默寡言。

5号追求知识，也崇拜富有知识的人，因为他们遇到新情况就会陷入思考和研究，而现实中的新情况总是不时出现，所以有些时候他们会陷入思考研究不能自拔，导致行动停滞，这就需要那些富有知识的人为他们提供新知识，帮助他们走出这个困境。因此，你可以通过迎合5号崇拜知识的心理，在5号面前做个博学的人，来获得他们的认同，往往能快速拉近你们的距离。

# 第六篇
## 解密 6 号人格：谨慎驶得万年船

6 号怀疑主义者是一个十分忠实、小心谨慎的人，他们总是处于无休止的忧虑和怀疑之中。他们倾向于把世界看作是一种威胁，而他们对外来的威胁非常敏感，可谓明察秋毫，总是关注生活中最糟糕的事情，并预想出最糟糕的可能结果，事先把自己武装起来。这使得他们难以公开发表自己的观点，喜欢征求他所信赖的权威人物的意见，而且会对这些权威人物有较高的忠诚度。他们的宣言是：

世界充满危险，我必须时刻警惕。

# 6号人格的婚恋：婚姻是场修行

## 过度的思考让6号越来越焦虑

在九型人格中，6号和1号都是喜欢指责的人群，但与表面上挑剔别人、实际上却是在责怪自己的1号不同的是，6号习惯将自己的感情及失败归咎他人。当婚姻中产生矛盾时，他们往往表现出极大的担忧："你似乎另有想法，何不说出来呢？你在隐藏什么？""你是不是想离开我？"而且，当他们内心愈是担心，他们便愈向外搜寻资源，并将谩骂指责投掷在他人身上。但对于一段婚姻而言，彼此间的抱怨、指责可谓悲剧之源。

当6号性格者对伴侣感到不满时，他们通常会反复分析彼此之间的问题。但由于过度的思考让他们越来越焦虑，他们常常会把所有的压力归诸于伴侣身上，而不会承认其实绝大部分的压力是来自于他们自己。此时，6号会更加生气，并且将内心的恐惧与担忧真实化，自我催眠地认定是伴侣造成的，即使伴侣什么都没做。而他们对于伴侣的无休止指责，往往会伤害伴侣的感情，恶化彼此的亲密关系，甚至会导致婚姻的破裂。而如果6号的伴侣也加入指责、抱怨的行列，只能加速这段感情的破裂。

电影《大内密探零零发》中，面对周星驰扮演的思维超越常理的丈夫，刘嘉玲饰演的妻子没有抱怨，反而一如既往地支持他鼓励他。在两人陷入激烈的争吵之时，零零发之妻总能巧妙地化解矛盾，令争吵也变成一种甜蜜的幸福。她会在吵得特别凶的时候，突然一脸温柔：“老公，你饿不饿？我煮面给你吃啊。”零零发张大嘴巴，一脸愕然，随后一把抱住妻子：“老婆，我爱你。”或者，在争吵后，她跑出去躲起来，而零零发总能轻车熟路地把她从桌子底下揪了出来：“你每次都躲到桌子底下，拜托下次换个地方躲，OK？”“可是，我害怕换个地方，你找不到我嘛。”当她一脸委屈地说出这样的话，任何男人都会如零零发一样心生爱怜，感动地拥她入怀，甘愿把全世界都给她。

极度缺乏安全感的6号在激动中很难冷静下来，如果伴侣此时与发怒的他们大吵大闹对着干，只会火上加油。因此，伴侣应当暂时离开，静待他们平息怒气，再与他们沟通。也就是说，当你选择和6号建立感情关系，你就需要理解和包容6号习惯猜疑的心理，即便是在面对他们强烈的控诉和指责时，也不要用抱怨相对抗。因为6号的指责大多是他们释放内心恐惧的一种形式，是一种情绪的发泄，因此多是一些无端的指责。

对于6号的这些无端的指责，伴侣要以平常心态对待，冷静思考对策，不要自乱方寸；更不要耗费大量时间和精力急于反击或者辩驳，把自己拖的精疲力尽。事实胜于雄辩，有些事情让事实来证明对错吧；有些事情会越描越黑，那就让时间来证明对错，沉默反而是最好的回击。

## 对犹豫不决的6号要有耐性

很多6号都常常会感到恐惧、不安，虽然有时候连他们都说不清楚他们在恐惧什么。其实，每个型号的人的内心都潜藏着恐惧，例如1号最恐惧的是“错”，2号最恐惧的是“没人爱”，3号最恐惧的是“没人留意自己”，4号最恐惧的是“被遗弃”，等等，但6号所恐惧的，不是所谓的危险，而是缠绕在心头的那种恐惧的感觉。为了避开这种感觉，6号随时都充满了警惕心和危机感。

在6号看来，生命充满了不可知的变量，但只要能够有足够的准备和负责任的态度，就可以安全度过所有的危难。因此，6号似乎永远在预测着将来的危难，凡事都能让他们联想到各种负面的可能性。他们总是在头脑中想象出各种各样糟糕的状况，并为此感到深深的担忧和恐惧，这种担忧和恐惧又会转换成焦虑不安的情绪。

6号做每件事都显得犹豫不决，也是源于这种恐惧的情绪。他们总是想得太多、做得太少，而他们所想的也只是那些糟糕的情况，并因此退避三舍，不愿面对。6号充满了矛盾，一方面像其他人一样对所期待的东西充满了向往，而另一方面又给自己设下种种心理障碍，让自己不敢行动。当看到其他人发出行动获得成功时，他们会感到深深的失落和焦躁，甚至会产生自我怨恨的情绪。

作为6号的伴侣，你需要对犹豫不决的6号有着十足的耐性，在他们过分担忧而行动力减弱的时候不要表现得不耐烦，更不要表达出嫌他们的担忧是多余的态度。你要懂得以包容之心来接纳他们的恐惧和担心，让他们感受到你的接纳和认可，并以此给他们一个安全的环境，让他们能够表达内心的情感，有勇气面对自己内心的脆弱。

此外，身为伴侣的你要经常对他们的小成就和任何一个追求梦想的计划给予肯定和鼓励，这些肯定和鼓励能够帮助6号建立自信。这种自信能够增强他们的行动力，使他们不再因为过分关注各种可能的负面情况而陷入到无休止的分析中，从而反复顾虑行动的后果而不采取行动。要知道，爱人的支持和鼓励是6号最渴望得到的支持感，这是他们的坚实后盾，他们也能因此得到行动的力量和信心。

## 沟通，化解6号的猜疑

婚姻中，6号性格者本质中的怀疑和不安全感会导致他们经常需要确定爱人对他们的爱是否属实。并且需要爱人的不断表达和行为上的表现来印证，偶尔他们还会试探爱人的忠诚，以暗示性的询问来寻求所谓的真相，以此获得安全感。他们总是猜测伴侣行为背后的动机，有时甚至是臆想伴侣行为背后是否有什么暗示，这就导致他们太敏感，常常给人以疑神疑鬼的印象，引起伴侣的反感。

许多时候，6号的猜疑根本是没有缘由的，有的是误会，有的纯粹是捕风捉影，有的则是小题大做。正如鲁迅先生所说的："见一封信，疑心是情书了；闹一声笑，以为是怀春了；只要男人来访，就是情夫；为什么上公园呢，只该是赴密约。"要知道，在社会中一个人除了和自己的恋人交往以外，还要工作、学习，还要有自己的社交领地。在对方进行这些正常活动时，怎能无端怀疑、责怪呢？否则，就有"庸人"之嫌了。

而且，生活经验告诉我们，猜疑能让好好的家庭产生缝隙，也会让苦心经营的情感毁于一旦。莎士比亚的名剧《奥赛罗》更是淋漓尽致地揭示了猜疑的后果：

国王女儿苔丝狄梦娜不顾父命，坚贞不渝地追求黑奴出身的将军奥赛罗，奥赛罗也异常爱这个美丽多情的妻子。可是他听信了伊阿古别有用心的谗言，一怒之下，竟然杀死了爱妻。后来真相大白，奥赛罗痛悔交加，便自刎在妻子的尸体旁。

一对经历百般磨难才结成良缘的美满夫妻却这样双双惨死了，多么令人惋惜啊！有人把猜疑比作鸩酒、砒霜，它确实能使爱情之苗枯萎、爱情之花凋谢，它是婚姻交友的大敌。6 号如果不懂得克制自己的猜疑心，就容易造成爱情的悲剧。

要避免猜疑带来的伤害，伴侣需要和 6 号多沟通，加深彼此的了解，因为了解是互相信任的基础。伴侣要懂得以坦诚的态度来对待 6 号，凡事要主动、直接地与他沟通，以简洁、明确的言语向他表达情绪、情感。不要对他隐瞒任何事，当然在表达上也不要采取暗示的方式或表现得欲言又止，因为这样他会认为你有可能对他有所隐瞒，并会采取询问的方式来印证你对他的爱是否属实。所以要直截了当地肯定自己对他的爱，要知道他们的内心渴望被自己的爱人肯定、关爱，亦要懂得这是他们安全感的来源。所以你的言行要一致，一方面可以避免他们的疑心，另一方面又可以传递一种忠诚于他的安全感。他们亦会为了这种安全感而更加对你好的。

### 婚姻就是彼此忠诚

古今中外，有多少因为背叛婚姻而导致的悲剧。特洛伊战争十年，虽然人们赞叹帕里斯的爱情和海伦的美貌，感慨阿伽门农的野心，但说到底，那么多希腊战士的生命，毕竟是因为帕里斯和海伦不忠的婚外情才丧失的；美国总统克林顿和秘书莱温斯基的暧昧事件更是一度被炒得沸沸扬扬，也正是因为这段对婚姻不忠诚的经历，对克林顿和希拉里的政治生涯产生了重要影响。当今社会，由于物质浮华，观念开放，劈腿、婚外恋、二奶、小三等事件时有发生，不知这些人是否还记得忠诚是婚姻幸福的最佳保障，是否还记得结婚时许下的不离不弃的诺言。

然而，如果人们的结婚对象是6号性格者，则少了许多被背叛的机会，因为6号是忠诚负责任的类型。在日常生活中，6号是典型的传统型人物，信奉传统价值，性格相当组织化，常着眼于一些社会规范，要求自己符合这些标准，也以此来作为评价伴侣的标准。在爱情世界里，他们一旦认可自己的爱人或者一旦决定与对方步入婚姻阶段的时候，他们绝对会是一位忠诚的伴侣，一定会把自己的伴侣放在首要位置，尽全力满足伴侣的种种要求，并以此为乐。

6号不仅要求自己对爱情忠诚，同样也要求伴侣对爱情忠诚。甚至可以说，他们对伴侣的人格要求有近乎洁癖的倾向，他们对于身边曾经信任过的人，特别是配偶、恋人的期望来得特别高，这是因为这些人曾经罕有地接收过6号对其他人难以付出的信任，所以会被视为应该在任何情况下都向自己开诚布公的亲密伴侣。一旦他们发现自己的伴侣有事隐瞒释自己，纵然不是什么大不了的小事，或许只是十年前初恋情人赠送的小玩意而已，可是若非预先投案而是待他们发现才被迫招供的话，很难避免会遭到6号的一番质疑，给伴侣扣上“不忠”的“帽子”。而且，当他们发现伴侣原来一直与自己想法有异时，他们会无法接受，还会有被出卖的感觉，为了合理化自己一直以来的错误投射，他们会歇斯底里地指责伴侣，要伴侣承担一切责任，由此就容易激发恋爱、婚姻关系中的矛盾。

因此，作为注重忠诚的6号的伴侣，你也需要对爱情和婚姻抱有高度的忠诚意识，并时常让他们感觉到你是诚实并值得信赖的。计划中的事，在可能的情况下，最好让6号了解，并尽量争取他的同意，听取他的建议，往往能有效释除他们的疑虑。

# 6号人格的职场：赢得信任是关键

## 面对6号上司，沉着与可靠才是重点

6号性格者富有消极的想象力，他们总是去设想最坏的结果，根本不愿去想好的一面，总是确信“最糟糕的事情将要发生”。在他们看来，只看光明的一面是幼稚的、缺乏现实性的。当然，光靠乐观的态度也确实是无法把握现实世界的，因此一定的悲观态度有助于保持社会的健全。

在这种性格特征的影响力下，6号通常喜欢挖掘内幕消息，分析别人真正的动机，有时难免给人一种神经质的感觉。他们宁愿事先做好充分的准备，也不愿意在最后关头紧张万分。潜意识里，他们会以你危机意识的强弱或言行是否一致，来考虑要不要跟你合作。由此来看，6号上司更喜欢下属报忧不报喜。

因此，当人们在面对6号上司时，要尽量表现你发现问题与解决问题的能力，不要表现得太乐观或者过于自信，沉着与可靠才是重点。

清代著名画家郑板桥就是典型的忧国忧民的6号性格者，他在潍县上任时送给巡抚一幅画竹，上面题着这样四句诗：“衙斋卧听萧萧竹，疑是民间疾苦声。些小吾曹州县吏，一枝一叶总关情。”这就是说，身为领导者，不能只听歌功颂德之声，闻报忧则怒，更多的是要时时闻听“民间疾苦声”，这样才算得上忧国忧民，为上分忧。郑板桥为官善于体恤民情，处事讲究实事求是，深受潍县百姓爱戴，美名遍传大江南北。

时时闻听“民间疾苦声”，正是6号领导者所推崇的管理方式。因此，人们在向6号人格上司提交工作报告等文件性资料时，一定要逻辑层次分明，亦要懂得在汇报业绩和积极成果的同时，附带说明存在的问题或工作失误，以及这些失误所造成的影响，哪怕这些失误已经解决，影响已经消除，也要汇报，否则6号领导者会认为，你报喜不报忧的做事方式，迟早要让整个部门的工作出现重大纰漏。

工作中遇到问题，更要及早向他们汇报，因为他们需要时间了解问题、分析问题、讨论问题、解决问题，所以你越早要求他们帮助，问题就容易及时得到解决，他们也会认为你是忠诚的。要明白对于6号人格上司来说，问题本身不是问题，隐瞒不报或没有及时反映才是严重问题，因为这是你“不忠诚”的表现。如果你秉持“报忧不报喜”的做事风格，反而容易赢得6号上司的欢心。

## 以守信重诺，对疑心重的6号员工

6号性格者十分看重忠诚的品质，他们要求自己做到守信重诺，同时也要求别人信守承诺，对他们承诺的事情或表示过要为他们争取的利益就一定要做到。哪怕是你玩笑的一句话，只要是与他们的利益收获有关，都会被他们看作是你对他们的承诺。因此，领导者在管理6号员工时，要注意差距，自己在与6号员工相处时，是否有意无意表达出满足他们某些利益的意思，一旦话说出口，就一定要想着给他们兑现，否则会被他们看作不守信用，会激起他们对权威的反抗情绪，成为让你头疼的员工。

人无信不立，赢得他人信任是我们做事的第一步，尤其是在强调团队精神的现代社会，许多工作需要大家的通力合作。而赢得信任就是这个过程的第一步，如果别人不信任你，就不会与你合作，甚至会给你带来阻力。

战国时期，商鞅在秦国推行新法，为了取信于民，商鞅采用了这样的办法：在咸阳城中人流集中的城南，竖立一根三丈多长的木杆，并让一名官吏高声对众人说："大良造有令，谁能将此木搬到北门，赏给黄金10两。"

众人议论纷纷，都不敢相信天底下有这样的好事，因此没有人肯上前去试一试。在城门楼上不动声色地观察的商鞅随即吩咐官吏传达新的命令："大良造有令，谁能将此木搬至北门，赏黄金50两！"

众人哗然，更加认为这不会是真的。这时，一个中年汉子走出人群对官吏一拱手，说："既然大良造发令，我就来搬，50两黄金不敢奢望，赏几个小钱还是可能的。"

中年汉子扛起木杆直向北门走去，围观的人群又跟着他来到北门。中年汉子放下木杆后被官吏带到商鞅面前。

商鞅笑着对中年汉子说："你是条好汉！"随后，商鞅拿出50两黄金，交给汉子。

消息迅速从咸阳传向四面八方，国人纷纷传颂商鞅言出必行的美名。商鞅见时机成熟，立即推出新法。第二次变法就这样取得了成功。

商鞅用守信重诺的实际行动打消了民众的猜疑，从而让他的变法能够成功而顺利推行，由此可见守信重诺对人们的巨大影响力。

因此，当领导者面对疑心重的6号员工时，更需要信守承诺，说到做到，才能在6号员工心目中树立一个可靠的形象，才能赢得他们的尊敬和信服，从而忠诚地做事。领导者要赢得6号的信任和支持，“可靠”是打动他们最有效的方式，而这也是他要求自己力行的特质。因为他们认为这是友好结盟的第一要件。此外，6号对权威很敏感，害怕成为上位者滥用权力的受害者，所以，最好不要用专制的口吻命令他做事，那很容易招致他对你采取对立且不信任的立场。

## 固守陈规，就会渴死孤岛

有着强烈恐惧情绪的6号常常为“安全”的观念所束缚，因此他们总是依附强有力的人、遵守法律和规则、恪尽职守、竭尽忠诚，以期获得安全感。他们害怕自己单独做决定，害怕犯错，因此他们习惯照规矩及传统做该做的事情，喜欢照本子办事，照着指引去做，尤其听从权威人物的建议和命令，认为这样自己就不用承担错误的责任，从而逃避惩罚。

在这种心理的影响下，内心渴望与他人建立亲密关系的6号会十分注重团队精神，时刻希望将自己融入到一个团队中去。因为他们认为，世界都是充满伤害的，只有在一个团队中，自己被外界伤害的几率才能大大减小。因此，他们总是过分依赖团队、依赖领导，使得自己缺乏自信和独立性，也就极大地阻碍了他们自己的发展。由此可知，领导者管理6号员工时，一定要注意培养他们独立决定、独立做事的能力。

一艘远洋海轮不幸触礁，沉没在汪洋大海里，8位船员拼死登上一座孤岛，才得以幸存下来。但接下来的情形更加糟糕，岛上除了石头还是石头，没有任何可以用来充饥的东西。更为要命的是，在烈日的暴晒下，每个人都口渴得冒烟，水成为最珍贵的东西。

尽管四周是水——海水，可谁都知道，海水又苦又涩又咸，根本不能用来解渴。当时8个人唯一的生存希望是下雨或别的过往船只发现他们。几天过去了，没有任何下雨的迹象，他们的周围除了海水还是一望无边的海水，没有任何船只经过这个岛。渐渐地，8位船员支撑不下去了，他们纷纷渴死在孤岛。

当最后一位船员快要渴死的时候，他实在忍受不住了，扑进海水里，“咕嘟咕嘟”地喝了一肚子水。船员喝完海水，一点儿觉不出海水的苦涩，相反觉得这海水又甘甜、又解渴。他想：也许这是自己临死前的幻觉吧，便静静地躺在岛上，等待着死神的降临。

他睡了一觉，醒来后发现自己还活着。船员非常奇怪，于是他每天靠喝这岛边的海水度日，终于等来了救援的船只。

当人们化验这水时发现，由于有地下泉水的不断翻涌，实际上，这里的海水是可口的泉水。

独立思考的习惯一旦形成，就会产生巨大的力量。许多时候，6号都会因为固守陈规而“渴死孤岛”，只有当他们善用自己的质疑，开始独立思考的时候，他们才能拯救自己。正如19世纪美国著名诗人及文艺批评家洛威尔所说：“真知灼见，首先来自多思善疑。”著名科学家爱因斯坦也曾经说过：“人们解决世上所有问题用的是大脑的思维本领，而不是照搬书本。”只有当6号意识到这些，他们才能摆脱“安全”观念的束缚，变得独立起来，从而为自己赢得更好的发展。而身为6号的领导者，也要帮助6号树立独立意识，培养他们独立思考、独立决定、独立行动的能力，才能使团队中多一员得力干将。

## 一丝不苟，把纪律引入工作

6号具有极强的责任感，他们认为在社会行为中遵守相关规则和义务是表现忠诚的一种方式，这也是他们压制内心恐惧感的一种方式。他们认为，群体的需要会控制他们的行为，使得他们知道该如何表现。而且，当个人观点得到群体权威力量的支持和确认时，对自我的怀疑就会降低。因此，6号对于人际关系往往抱有这样的观点："只要我们不是一个人，我们就不会受到攻击。"在这种责任感的激励下，可以完全投入到他们的家庭或者集体性的事业中，能够为了事业、家庭和理想做出极大牺牲。他们甚至可以鼓励身处困境的其他人，并为扭转局势做出英雄之举。

他们有着强烈的责任心，习惯把纪律引入到整个工作中，并坚持执行，同时也一丝不苟地关注细节和工艺。他们极其有效地保持组织的运转，不论是大公司还是小本生意，抑或是家庭预算。他们节俭、勤奋、工作卖力，总想为公司或企业发挥自己的价值。在这个方面，他们力求确保自己在世界上有一个位置，确保自己的工作可以带来相对的安全与安全感。总之，他们对自己的工作引以为豪，对自己为投身其中的项目所做出的贡献感到十分光荣。

他们推崇人人平等的团队精神，注重公平，因此他们可以帮助自己创立的或加入的企业形成一种平等的精神和一种强烈的公共福利意识。他们尊重他人，能创造出合作的氛围，在那里，人人都觉得他们是合伙人或同事，而不是高高在上的管理者。他们明白自己的安全主要取决于其所在的共同体和工作单位的福利，因此他们与他人协力合作，以维持机制和结构的稳定，使共同体更加稳固和健康。

而且，他们常常涉足地方政治事务，参加地方委员会，帮助改善城镇或公寓的居住环境，施展自己的诸多正面价值。同时，一旦发现不公平、不公正的现象，他们会反对、提出质疑，并尽全力去解决它。总之，在一个团队中，6号往往是正直和诚实的真正代表。

总之，6号认为责任感是保证生活稳定的关键因素，因此他们习惯在社会行为中遵守相关规则和义务，并且能够为了事业、家庭和理想做出极大牺牲。

## 化质疑为动力，让6号员工为你所用

对于6号性格者来说，怀疑是他们的天性，他们怀疑一切，而且他们很欣赏和满足于自己的怀疑态度和做法，他们感觉这种怀疑习惯可以增强他们的活力。固然在某种程度上，怀疑是必需的，也是健康的，能够帮助人们做出正确可靠的抉择。但如果过于怀疑一切，陷入猜疑之中，就可能会阻碍行动，久而久之，对6号的自我形象和自信会产生颇为严重的损害，也不利于6号事业的发展。

因此，领导者在面对6号不断发问的怀疑精神时，不要表现出不耐烦，而要用事实来论证，往往能够给予6号足够的安全感。而且，领导者还应注意引导6号员工的怀疑精神往创新发面发展，帮助他们化怀疑为动力，避免他们陷入猜疑的旋涡。

一切伟大而有成就的人往往喜欢思考，对自己存有疑虑的问题切不可盲从权威，而是要进行深入的思考和研究，直至得到一个满意和令人信服的答案。正如著名物理学家爱因斯坦所说："我没有什么特别的才能，不过喜欢寻根究底地追问问题罢了。"

有一天，爱迪生在路上碰见一个朋友，看见他手指关节肿了。

“为什么会肿呢？”爱迪生问。

“我还不晓得真实的原因是什么。”

“为什么你不晓得？医生晓得吗？”

“每个医生说的都不同，不过多半的医生都以为是痛风症。”

“什么是痛风症呢？”

“他们告诉我说，这是尿酸积淤在骨节里造成的。”

“既然如此，他们为什么不从你骨节中取出尿酸来呢？”

“他们不晓得如何取。”病者回答。

这时的情形好像一块红布在一只斗牛面前摇晃一样。

“为什么他们会不晓得如何取呢？”爱迪生生气地问着。

“因为尿酸是不能溶解的。”

“我不相信。”这位世界闻名的科学家回答道。

爱迪生回到实验室里，立刻开始试验看尿酸到底是否能溶解。

他排好一列试管，每只管内都注入1/4管不同的化学试剂，每种试剂中都放入数颗尿酸结晶。两天之后，他看见有两种液体中的尿酸结晶已经溶化了。于是，这位发明家有了新的发现问世，这个发现也很快地传播出去。

现在这两种试剂中的一种，在医治痛风症中普遍被采用。

爱迪生的一生，从来就没有停止发问：“为什么？”他虽然没有将自己所问的问题都找出答案来，然而他所得出来的答案却是多得惊人。对于工作和学习来讲，像爱迪生这样爱刨根问底不失为一种可贵的精神。因为这其实是虚心研究的态度，也是勤奋的表现。任何人只有经过长时间完成其发展的艰苦工作，并长期埋头沉浸于其中的任务，方可有所成就。一个懒惰的人无论如何是不会成功的。

而对于喜欢用负面情绪去质疑世界的6号来说，他们常常在工作中提出无数个“为什么”，也乐于去寻找答案。但寻找答案的过程是漫长的，这常常使得他们感到希望渺茫，因此而悲伤、忧郁。这时如果领导者能给予6号充分的鼓励和支持，就能帮助6号重拾探索的信心，积极努力地工作，这就使得6号的质疑变为了他们前进的动力，为他们自己以及团队赢得更好的发展。

## 6号人格的性格：瞎想带来退却

### 成功，是顺其而然的东西

6号忠诚、勤奋、可靠，并且有着为理想献身的勇气和奋斗精神，这些都是成功的重要条件，但是6号却很难成为一个成功者，他们习惯躲避成功。

他们最常见的表现是：在成功前突然失去了兴趣，把成功的机会抛给那些更需要它的人；突然发现工作中的一个致命错误；突然病倒；在接近事业巅峰时更换工作；在即将大功告成时不去化解能够化解的危机；站在反对者的角度提意见，这样即便他们成功了，他们的感觉也是失败的。总之，他们总能找到各种方法来推迟自己的成功。

6号之所害怕成功，是因为他们内心对成功持怀疑的态度。他们认为成功将使他们成为众矢之的，成为他人利用、陷害和排挤的对象，这将破坏他们的安全感。他们也可能对成功持否定的态度，从而将自己置于成功的对立面。正如九型人格大师海伦·帕尔默所说：“当你（6号）和社会认可的形象和行为都相距甚远时，你就有了一种身份，你的人物就是回击强大的反对势力，让你的声音被听见。”也就是说，当 6 号否定一个有价值的权威（成功）时，他们会解放自身的能量，推动自己去争取胜利，而胜利的结果往往就是成功——成为另一种权威。这恰恰是 6 号所否定或恐惧的。

心理学家马斯洛将这种害怕成功的心理称为“约拿情结”。约拿是《圣经》中的人物，上帝要约拿去赦免尼尼微城人的罪行，这本是一项崇高的使命和很高的荣誉，也是约拿平素所向往的，可一旦理想成为现实，又感到一种畏惧，觉得自己不行，想回避即将到来的成功，想推却突然降临的荣誉。我们大多数人内心都深藏着“约拿情结”。心理学家分析，在我们小的时候，由于身体条件的限制和不成熟，心中很容易产生“我不行”“我办不到”等消极的念头，如果周围环境没有提供足够的安全感和机会供自己成长的话，这些念头会一直伴随着我们。尤其是当成功机会来临的时候，这些心理表现的更加明显。因为要抓住成功的机会，就意味着要付出相当的努力，面对许多无法预料的变化，并承担可能导致失败的风险。所以我们容易退却。6 号就是典型的“约拿情结”受害者。

由此可见，6 号需要学会正视成功，重新理解成功的意义，而不要单纯将成功与控制欲强烈的、独裁的权威联系起来，从而产生排斥和抗拒，这样 6 号才能学会享受成功带来的种种愉悦。

## 6 号，请不要沉迷于自己的想象中

在九型人格中，6 号是典型的怀疑主义者，他们和 5 号性格者相似，都认为这个世界危机四伏，人心难测，交往不慎，就会被人利用和陷害。因此他们有着较高的警惕性，总是仔细观察对方，时刻提防他人的花言巧语。可以说，他们是天生的观察者、自然的心理学家，随时警惕着一切外在变化，还不被周围人所察觉。

一旦他们真的被人利用、受到伤害，他们便感到“梦魇成真”，内心会有着更深的焦虑感，这使得他们从自我压抑的抑郁症状态逐渐转变为了歇斯底里的被害妄想症状态，这使得他们失去了控制焦虑的能力。当他们想到自己的时候，会变得失去理性和疯狂；想到他人的时候，则充满歇斯底里与妄想。

因为自身有着强烈的焦虑感，他们往往会非理性地对现实产生错误的知觉，把每件事都视为危机，变得神经质起来，他们会潜意识地把自己的攻击性投射到他人身上，因此开始形成被迫害妄想。此时的他们不再认为自己的卑微感是最严重的问题，而是怀疑别人对自己有明显的敌意。也就是说，他们不再害怕自己，而是开始害怕别人，但他们都将注意力放在了负面信息上。比如，如果老板对自己的态度稍微严厉一些，他们就会认为老板有意刁难自己，认为自己要被炒鱿鱼了，因此常常和老板对抗。

他们的情绪变得十分激动，有着极高的警惕心理，完全陷入了被害妄想症的世界，认为周围的人都想要迫害自己。一想到这些，他们就会勃然大怒，咬牙切齿，但因为焦虑感太过强烈，他们意识不到自己正是现在这种可怕情感的源头，而是反过来把这种情感源头投射到他人身上。甚至发展到任何一个人接近他们，都被视为危险分子，便会给予强烈的攻击行为。但是，这种高度的警惕感不仅不能帮助他们增加安全感，反而使他们在被害妄想症的深渊中越陷越深。

要避免自己的焦虑发展为被害妄想症，6 号需要改变自己总是负面思考的习惯，多关注事物发展中积极的、对自己有利的一面，并懂得看淡人生中的挫折的失败，不要沉迷于被伤害的痛苦中难以自拔，才能真正为自己营造稳定的生活环境。

## 学会正视自身的恐惧

6号性格者往往小心而多疑，他们从小就学会了保持警惕，习惯去思考人们每一个行为背后潜藏的意图。因此他们对权威也是持质疑态度，内心隐藏着恐惧。在这种恐惧心理的影响下，6号出现了两种截然不同的思维方式：一种是恐惧型，另一种是反恐惧型。

恐惧型的6号看上去总是疑心重重、鬼鬼祟祟的，对生活充满了恐惧。他们做事犹豫不决，遇到任何场面都不知所措，喜欢用分析来代替行动，思想中充满了矛盾和自我怀疑。对矛盾、怀疑等不利于自己的否定性因素特别敏感，却不善于采取行动。为了获得安全，他们往往寻求拥有权力的人，对他们效忠。

反恐惧型的6号往往以挺身克服恐惧来寻求安全。面对危机和敌人时，他们会勇于克服危险、正视恐惧，采取“先下手为强”的果断战略，将对方杀个措手不及，以全力保护团队的安全；他们坚强无比的抵御性，在危急关头会发挥最大的力量，是统率万军的悍将。比如，当受到暴力威胁而感到害怕时，就会去学功夫，成为所向无敌的强手。他们往往同情弱者或遇到困难的人，甚至主动去帮助弱势的一方。对他们而言，重要的不是谁强谁弱，重要的是谁敌谁友。一旦认准了敌友，他们会为朋友两肋插刀。

虽然恐惧型与反恐惧型看起来是截然相反的两种性格，但两者都是出于恐惧，都以寻求安全为目的。而且，恐惧型和对抗恐惧型往往在同一个人身上表现出来。因此，并不能将6号简单地划分成恐惧型和反恐惧型，即使同一个人也可以同时具有两种相反的倾向。就这一点而言，6号的复杂个性难以凭借他们的外在言行来掌握。

在生活中，反恐惧型的6号往往能够更真实地面对自身的恐惧，并引导自身的恐惧向正面发展，他们也凭借自身的勇气激发了身体的潜能，从而为自己获得了良好的发展。而恐惧型的6号则容易因为害怕成功而临战倒戈，阻碍自身的发展。因此，学会正视自身的恐惧，勇于追逐和享受成功，是6号需要终生研究的发展课题。

### 用正面的思想平衡自己的负面想法

6号常常有将一切灾难化的倾向，他们对周围所碰到的一切事物，总喜欢往负面的、悲观的、严重的方面去幻想或揣测，因此他们时常处于非常不安、焦虑的状况，这会阻碍他们的创造力，减损他们的进取心，使他们变成自己最大的敌人，甚至可能伤害到他们自己。他们会自觉地寻找环境中对他们有威胁的线索，而把那种对最好情况的想象视作一种天真的幻想，使得他们常常给人以悲观、偏激、神经质的印象。

他们有着丰富的想象力，但他们内心强烈的不安全感常常将他们的想象指向最坏的方面，使得他们总想着最糟糕的结果。比如，他们常常会回忆一个在他们童年时让他们感到害怕的人，并想象这个人就站在他们的面前，想象对方的脸部表情、身体姿态、衣服，尤其是他或她看着自己，而让自己感到畏惧的眼神。而且，他们还会让自己相信：自己已经和这个人每天在一起生活了很长一段时间，而且是在一个很小的房间里。在这里，他们的威胁者控制了房间里的一切，而且随时会出现在他们的面前，带给他们可怕的伤害。这迫使他们形成高度的警惕心，随时警惕房间里的威胁者，即便是他们手头忙着别的事情，也难以将自己从这种负面的想象中拯救出来。

而且，他们还会将自己的焦虑传染给家人，比如他们可能会无时无刻担心自己的小孩被伤害、自己的配偶会有外遇，或自己生了重病等，使周遭的气氛也充满了对未知的恐惧。可以说，这种对未知的焦虑和不安充满了6号的身心，结果最后真的弄得他们错误百出。

其实，人人都有焦虑，适当的焦虑是富有“危机意识”的表现，能够帮助6号在危险真正来临时表现得比其他类型的人冷静，具有迅速化解危机的勇气和能力。由此可见，6号应该学会正视焦虑，去探索它，并与焦虑达成协议。面对那些很多被自己夸大了的危险的担忧，6号要学会用正面的思想来平衡自己的负面想法，从而减轻焦虑，把自己生命中潜在的力量释放出来。

## 6号人格的交往：防备了进攻，也拒绝了信任

### 静观其变与抽身离去

6号有着强烈的不安全感和怀疑精神，因此他们在为人处世时相当小心谨慎，总是对环境中可能存在的风险及问题忧心忡忡，常常令自己陷入不安的境地。他们对于环境中的任何一个细微变化，都会十分敏感，这份敏感并不是指向体察对方的感受，而是通过敏感地察觉对方的变化来体会自己内心的感受，而后以逻辑的方式根据这份感受梳理出自己对变化的判断，继而判断所处环境是否安全，自己是应该静观其变，还是应该抽身离去。

总之，在6号看来，怀疑是必须的，有助于他们做出正确可靠的抉择。因此他们看见和经历的所有事情都在质疑的范畴之内，别人示好的话他们质疑，自己的思想和能力他们也质疑。他们总是设

想未来的种种悲惨景象，是为了一旦大难来临时能够从容地应对。然而，6号常常陷入怀疑的误区——猜疑中，使得他们过分戒备身边的人，对于别人给予的帮助也要思索几分，那只会遮蔽他们发现善的眼睛。

因此可知，如果人们在与习惯猜疑的6号交流时，也采取猜疑的态度，只会加剧6号的不安全感，恶化彼此的关系，甚至可能激起6号强烈的反抗。

生活中，哪怕是一点点的猜疑，也可能让人失去最珍贵的东西。猜疑是人性的一个顽疾，不易剔除，时时都困扰着人们的心灵。猜疑的人往往对别人的一言一行都很敏感，喜欢分析深藏的动机和目的。而这种猜测往往缺乏事实根据，只是根据自己的主观臆断毫无逻辑地去推测、怀疑别人的言行，结果可想而知。

在人们与6号的人际交往中，不仅需要6号克制自己的猜疑心理，多练习对人对事的信心，更客观地看待问题，同时也需要人们要多包容6号缺乏安全感引发的猜疑行为，更不要以猜疑的心态去应对6号的猜疑，因为一般情况下，以恶制恶的结局不会是美好的，常常是两败俱伤。相反，如果你能以坦诚、包容的态度与6号交往，就容易成为他忠诚的对象。

## 未雨绸缪，做好防范

在九型人格中，6号绝对属于庸人自扰的一群。他们常常被精神上的单调无趣所困扰，常常质疑自我能力，并焦虑别人在忙些什么。在人际交往中，他们十分担心自己会被利用、被抛弃。为了避免这种情况的发生，6号有着极高的警惕性，他们不停地防备真正或假想的威胁，挖掘表面下进行的一切。因为他们坚信，隐藏的动机和未说出口的议题，才是真正驱策言行的因子。即便他们未必清楚自己对抗的是什么，他们依然未雨绸缪，做好一切防范，反正这么做也无伤大雅。

尽管防备心强的6号内心充满了担忧，但他们往往不会在外表上表现出来，而是会以随和且温馨怀柔的态度、以旁敲侧击的方式去试探他人的反应，探知他人的真实意图。

战国时候，齐宣王的王后去世了。当时任相国的孟尝君思考着：王后去世了，得尽快立个新王后才是。大王会立谁呢？王宫中佳丽甚多，其中受大王宠爱的就有七个。但是到底谁才是大王最钟爱的呢？这可是个难题，但是必须要圆满解决。因为如果孟尝君能知道齐王属意于谁，他就可以向齐王建议册封此人为新王后，齐王必会十分高兴，新王后也会感激他。这样对他未来的发展将会大有好处。

怎样才能知道齐宣王心中的合适人选呢？显然，直接问齐王不是一个好办法。最后，孟尝君想出了一个办法：他派人做了七对上等玉耳环，其中一对翡翠色的耳环，晶莹剔透，格外漂亮。耳环做好后，孟尝君将它们献给齐宣王，并特意赞美那对翡翠色的耳环。

进谏齐宣王的第二天，孟尝君便派夫人去拜访齐宣王的妃子们，从而得知那对翡翠色的耳环戴在杨妃的耳朵上了。

第三天早晨，孟尝君上朝，出班奏道："王后仙逝时日已久，宫中不可长期无后。臣听说杨妃才德过人，建议大王立为王后！"

"准奏。"齐宣王爽快地答应了。

孟尝君看出，齐宣王心里很高兴，他自己心里当然更高兴。

孟尝君不愧是宰相之才，为了摸清齐宣王心中的隐秘，他并没有直接去找齐宣王或宫中人物刺探信息，而是想法让齐宣王自己显示出来，通过旁敲侧击的方法，为自己解决了难题，这一招实在高明。

这也是典型的6号沟通的方式。

人们在与6号进行沟通时，要尽量坦诚相待，不要要什么小心眼，不要兜圈子，内容要精确而实际。因为6号特别敏感，会很容易地觉察到你隐藏的动机和意义。也不要赞美他们，因为他们是多疑的，很难相信你对他们的赞美。也不要讥笑或批评他们的多疑，这会使他们更缺乏自信。总之，只要你能保持你的一致性，不要言行不一、变来变去，这样自然会让他对你产生信任。

## 鼓励6号“再考虑考虑看”

6号内心有着强烈的不安全感，而且他们习惯负面思考，总是将身边的人或事看作可能伤害自己的危险因素，为了使自己避开危险、处于一个安全稳定的环境，他们总是疑神疑鬼地观察周围的一切，很难对周围的人或事产生信任感。

6号这种对任何事都疑神疑鬼的心理常常阻碍了他们去行动，促使他们难以做决定，也就容易给人以优柔寡断的印象。即便他们伶俐的头脑使得他们能够迅速下决定，问题在于做出决定后，他们却立刻质疑自己的决定，并且开始焦虑不安。对6号而言，这种难以抉择的优柔寡断，似乎是决定任何事情的唯一保险方式。但是在别人看来，这种疑虑绝对是多余的。

从心理学来分析，6号之所以优柔寡断，主要是因为擅长洞察他人内心的6号其实不了解自己的内心世界，即他们的注意力是朝向外部世界的。当感受到威胁时，这种倾向会更加明显，他们往往把自身受到的威胁归因于他人的恶意。也就是说，6号因为害怕按照自己的意志行事，所以大多缺乏行动实施的能力。例如，当他们想要实行某项计划时，内心会同时出现两个声音：“这是个绝好的主意。”“但是，真的能行吗？”结果拖拖拉拉，总是光想不做。之所以这样，是因为确信有失败的危险性，同时又害怕一旦成功会遭到他人嫉妒及恶意的伤害。

而且，尽管 6 号习惯在充分的分析后做决定，但他们喜欢将问题的各个构成要素都拆开来，再用逻辑的方式拣选，虽然他们的分析很仔细，但总是抓住表面上的细节不放，导致“只见树木不见森林”，难以做好准备，在准备不足的情况下 6 号会滋生更多对失败的恐惧，感到犹豫不决，甚至选择退却。

因此，人们在与 6 号相处时，首先要看清楚 6 号优柔寡断的性格。当你需要 6 号做出某项决定时，千万别急，试着鼓励他“再考虑考虑看”，因为不管你说不说，他们都会这么做。此外，你还要与 6 号分享你的观点、意见、理由、事实及争辩，再给他足够的时间和空间好好分析利弊，帮助他将优柔寡断转变成心思缜密，这对你们都有好处。

## 正面思考，化解悲观

6 号性格者拥有丰富的想象力，但因为他们习惯将注意力放在生活中的负面事件上，就使得他们的想象力无意中指向最坏的方面，总想着最糟糕的结果。这种倾向负面的想象力就导致了 6 号多疑的世界观，使得他们难以描绘美好的未来，而迫使他们去预测他人的行为，想象可能发生的结果，以避免让自己受到伤害。

许多时候，6 号容易因为过于负面想象而使自己行动之前，充满了一种悲观的情绪，使行动延误。况且，最坏情况发生的几率往往并不高，却让 6 号耗费了大部分的精力，而忽略了真正该注意的事物，极大地影响了 6 号的工作效率。

但是，从积极的方面来看，虽然6号考虑问题趋向于负面，但却能把一切可能发生的困难都设想到，并做好准备。他们讨厌那些大的危险有可能到来之前不做准备的人，也反感那些认为他们的话是危言耸听的人。他们会自觉地寻找环境中对他们有威胁的线索，而把那种对最好情况的想象视作一种天真的幻想。这确实能够帮助6号预见到一些即将发生的灾难，并通过充足的准备来缓解其导致的损害。

两个小桶一同被吊在井口上。

其中一个对另一个说："你看起来似乎闷闷不乐，有什么不愉快的事吗？"

另一个回答："我常在想，这真是一场徒劳，没什么意思。常常是这样，装得满满地上去，又空着下来。"

第一个小桶说："我倒不觉得如此。我一直这样想：我们空空地下来，装得满满地上去！"

大多数时候，一般的6号就好像那个悲观的小桶一样，只看到自己"空着下来"，这常常让他们感到悲伤，消极做事。而当人们将6号员工的负面情绪向积极的方向引导之后，6号就变成了那个乐观的小桶，看到"满满地上去"，他们心中的悲伤就被快乐取代了，就能全身心地投入到工作中，常常能为团队发展做出卓越的贡献。

因此，人们在与6号相处时，不要对他们的过分担忧或关注负面情况的行为表示出不耐烦，而要利用他们热衷逻辑分析的特质，让他们制订有效的应急方案，一方面可以预防问题发生，另一方面也可以让他们看到其有能力通过行动有效解决问题。此外，对6号的成就，要多一些关注，不忘赞赏他们的小成就，并以此鼓励他们多留意考虑生活本身的目标以及其行动将促成的效果，就能为彼此维持一种和谐而愉悦的关系。

# 第七篇
## 解密 7 号人格：人生尽在享受中

7 号享乐主义者是一个快乐、积极乐观、为新奇事物而感到兴奋的人。他们充满活力、精力充沛，总是喜欢设想好的结果，常常同时做着好几件事情，但并不一定能把每件事情坚持到底。因为他们追求行动的自由，因此他们很难从头到尾地完全投入到某个长期的计划之中，除非在实施这个计划的同时他还有别的选择。他们的宣言是：我要好好利用生活赋予我的一切机会来享受人生。

# 7号人格的生活：快乐是爱的关键

## 封印痛苦，展望美好

对于积极乐观、享乐至上的7号来说，如何让生活充满快乐、没有悲伤和痛苦，是人生中最要紧的事。因此，他们具有较强的逃避痛苦的心理，他们痛恨被束缚或被控制，而且尽可能保留许多愉快的选择。他们总是将过去痛苦的事马上忘掉，对未来可能发生的痛苦，使出浑身解数避开。

可以说，7号忍受痛苦的能力几乎等于零，他们用生活的丰富及高亢情绪将沮丧盖住。因而，你很少看到7号面露愁容，即使遇到麻烦事，他们通常也会以幽默的心态看待。因为许多7号在孩童时期，可能就已经认清世界并不美好，相较于8号支配型决定好好保护自己不受欺负，7号则选择转过身去，凡是他们无能为力的事情，他们一概不碰，并尽量寻找能让自己快乐的事物，以麻痹神经。在不愉快的情况下，他们会把几乎大部分的精力放在对未来的美好展望上，让自己与痛苦拉开距离。

爱情中，7号更是热衷于发挥自己积极乐观的性格优势，他们爱与伴侣分享快乐的事，平日闲谈都是围绕一些令人精神爽利的话题。同时，他们也希望伴侣带给他们的信念是“生活是美好的”，希望双方是因为快乐才在一起的，没有任何约束和限制。他们不愿面对负面情感，让他们坐下来感受悲伤简直是不可能的。他们的心思会立即转移到积极的选择上——能给他们带来快乐，让他们继续前进的有趣选择。是否真的去做并不重要，他们只要从选择的可能性中感到快乐就够了。当伴侣坚持要讨论负面影响时，7号会觉得是伴侣要强迫他们面对不高兴的事情。如果他们无法摆脱，他们就会很生气。这常常让他们的伴侣感觉受冷落，从而可能给他们的关系埋下隐患。

每个人都会有负面情绪，每个人都可能或多或少地因为生活中一些不顺心的事情而感到悲伤。作为7号的伴侣，你需要帮助7号正视自己的负面情感，并让他们学会接受伴侣的负面情感，明白生命中亦有一些人人都会面对的严肃问题，不是开怀大笑一番便可以迎刃而解的，一味地逃避悲伤只能为自己带来越来越多的问题和痛苦，更要陪他们一起体验一些悲伤的事，比如去做地震救援的志愿者，去孤儿院照顾孤儿，等等。只有当7号敢于正视悲伤，才能在伴侣感到伤心、难过时给予陪伴和安慰，并懂得利用自身的积极乐观帮助伴侣重现笑容，让彼此拥有持久的幸福。

## 享受7号营造的刺激和浪漫

7号追求快乐，注重享乐，喜欢新鲜刺激的活动，他们会在日常生活中费尽心思地安排各种好玩、新奇、刺激的事情，以此来赢取爱人的欢心，当然他们也希望能够与爱人一起亲身体验各种新奇、刺激、好玩的事物。他们希望在这些体验中来感受彼此内心的快乐，并把这种快乐看作是爱的关键。

从心理学的角度来看，7号需要以与爱人共同体验快乐的方式来避免内心紧张以及由此所带来的沉闷和单调的生活。他们十分擅长利用自身的灵活思维和勇敢创新、求变的特质，来策划和布置两人的情感生活，所以，他们在生活中经常有很多“点子”，并要求你配合他的这些创意，有时候给人一种古灵精怪的感觉。但如果你不能理解或跟不上他们跳跃性的生活节奏，或者对他们表现得不耐烦时，7 号人格伴侣内心就会产生一种抗拒爱人的感觉，因为他们已觉得你的态度本身就是一种压力，并因此与你产生距离感。

如果伴侣不仅不欣赏 7 号求新求变的尝试，还在生活中过多地限制 7 号的想法及行动，特别是对他们追求自由以及体验生活中的各种负面事物反感和抗拒，则会让追求自由和刺激的 7 号怒火中烧，引发彼此的争执，此时的 7 号不但不会与你理论，还会以逃避的方式来避免与你接触，同时自己仍旧去体验那些快乐、新奇、刺激的事物。

因此，作为 7 号的伴侣，你不仅要懂得欣赏和享受 7 号为你营造的新鲜刺激的种种浪漫，你更要懂得放手让他们尝试各种新鲜、有趣的事物，不要太过于要求他们时刻陪在你的身边，因为他们会把这种要求看作是限制自己追求自由，并因此会对你产生厌烦。给他们一个独处的时间和空间让他们安静地放松自己，这种自由感会让 7 号感觉到你对他们的理解和包容是因为爱他们，他们会为此非常感激，并因此反省自己以往对你的忽略，从而多拿出一些时间来与你相处。而且，这种自由感还能帮助 7 号对你许下爱情的诺言，为彼此营造一段新鲜刺激感十足的幸福爱情。

### 主动向 7 号表达你的感受

7 号性格者性格乐观活泼，能说会道，他们的热情对旁人有着极强的感染力，这使得他们有着十足的个人魅力，常常是人们眼中的“万人迷”，大家都很喜欢跟乐观开朗又聪明的7号在一起。

爱情中，7号也总是让自己充满吸引力，并以此来搭配异性的崇拜和爱慕。他们喜欢不断地与人接触，然后离开。而且，当他们出现时，他们会展现出自己最迷人的一面，并得到周围人的高度关注；当他们离开时，他们也要给所有人留下美好的回忆。总之，他们就像是漂亮又难以捉摸的花蝴蝶——他们对每个异性都有魅力，但又总是若即若离。他们尤其喜欢那些他们关注的人拜倒在他们的脚下。从心理学的角度来看，7号吸引他人注意的行为，其实是为了满足自己的虚荣心。

面对周旋于众多异性之中的“万人迷”7号，如果你不想被他忽略，想要成为受他们关注的异性，你就要主动表达自己的感受，挑起他们追求新鲜刺激的欲望。

## 提醒7号：一切爱情都会归于平淡

7号是天生的享乐主义者，他们重视感官的刺激，他们总是要透过五光十色的世界寻找无限的可能性，他们像是有用不尽的精力，情绪长期处于高涨水平，不是联群结队去看表演、户外活动，就是到处挖掘一下有何美食。他们惯常地通过专注外界事物来清除对自身产生负向评价的可能空间：与伴侣在一起，也喜欢共同度过多姿多彩的生活，一起尝试新奇、意想不到的刺激体验。

由此可见，在婚恋中，7号最大的问题，就是他们的不定性。他们对情感关系中的重复和厌烦非常敏感，他们不愿意被某一个固定的情人所控制。为了保持自己对生活的兴趣，7号会不断尝试新的恋情。所以当伴侣要求7号做出对爱情的承诺时，7号会变得非常敏感，感到自己受到了限制。也就是说，如果要他们完全投入到一次爱恋中，不管是伴侣有多么诱人，都会让他们感到枯燥和厌烦，因为他们觉得这种承诺限制了拥有其他罗曼史的可能。他们甚至不认为与婚外异性发生亲密关系是一种背叛，只认为那是一种正常的娱乐，是他们一种难以抑制的情趣。

一旦爱情归于平淡，7 号便会觉得快乐被剥夺了，那么他们就会选择离开，去寻找新的恋情。然而，爱情终究要归于平淡，正如中国台湾作家三毛所说："爱情如果不落实到吃饭，穿衣，数钱，睡觉这些实实在在的生活中去，是不容易长久的。"也许很多人不愿意承认三毛的这句话，但她的确说出了一个确实存在的真实。只有当一对男女在漫长而又平淡的生活中，在普通得不能再普通、琐碎得不能再琐碎的吃饭、穿衣、数钱、睡觉这些事情中还能感受到彼此的爱意时，他们的爱情才是真正可以天荒地老的爱情。

而作为 7 号的伴侣，你需要帮助 7 号修正过于追求刺激的爱情观，教他们学会享受爱情的平淡，让他们明白爱情的幸福不在于过程是苦是乐，而在于彼此相知相守、携手同行，即使爱情归于平淡，即使爱情变成亲情，爱终归是爱，只不过是以一种新的方式在爱。总之，只有当 7 号能够停止追求刺激的脚步，静心享受爱情的平淡，他们才能领悟爱的真义。

# 7号人格的职场：积极乐观地开拓新版图

## 在7号上司面前别搞“办公室政治”

7号人格上司喜欢人与人之间关系的无拘无束，他们弱化等级观念，他们的管理是平等化的民主管理，喜欢在工作中营造一种不分你我的平等的人际关系，让大家都能以率真、坦白的方式相处并开展工作，因此他们讨厌员工在办公室构建“小圈子”，更禁止“办公室政治”作风。

如果自己的下属卷入办公室政治，拉帮结派，他们很可能会落一个类似于故事中乔尼斯这样的结局。

乔尼斯在某跨国传媒公司下属的一个办事处工作，和其他4名员工一起，在频道主编的带领下，努力地工作，他们负责的频道眼看着越办越好。谁也没想到，一场因为值班而引发的派系争斗悄悄降临……

一个周末，轮到乔尼斯这一组值班。一位同事头天加班，早晨晚到了一会儿。乔尼斯因为生病，也是下午才过去。不料这些都被“顺带路过”的总编看在眼里。第二天，公司里开始盛传“××频道的员工不肯值班”，好在频道主编挺身而出，替他们澄清……事情很快平息，但总编和他们的关系从此急转直下。

当别的频道还在建设中时，乔尼斯这一组已完成了所有的准备。可在例会上，总编却要求他们加班，说是“权当做给上面看，样子卖力点，也好加工资”，这遭到了频道主编的反驳：效率出工作，没必要做“秀”嘛。看得出来，总编脸上有点挂不住。

两个月后，总编总算钻到了“空子”：频道主编怀孕，开始休假。第二天，总编立马就给××频道“穿小鞋”——每天召开三刻钟会议，一开就是一星期，会议的主题只有一个：反复强调剩下的4个人要归他直接负责，××频道的内容需要全面调整。

以后，总编的小动作不断：试用期过了，乔尼斯的工资却明增暗减，公司里更在盛传××频道已经被判了“死刑”。

谣言很快变成了现实。一个月后，总编直截了当地对乔尼斯说：“公司里要调整职位，你的文笔不错，应该可以找到新的工作。”很快，另外3个人也遭厄运：一个同样被辞退，总编找人传个话，就把他打发了；一个调到市场部；最后一个“独木难成林”，请了病假。人事经理事后悄悄告诉乔尼斯：“你们的上司不在，谁也保不住你们。”

因此，在7号的手下干，一定要小心，不要轻易去涉及办公室的政治小团体，这有悖他们的管理原则，否则的话，常常会受到7号老板严厉的打击。

## 求新求变，赢取7号上司的青睐

7号人格上司追求新奇、刺激，不喜欢重复的没有创意的工作和管理方式，在工作中总是会有很多新创意或新计划，和他们在一起很少能感觉到沉闷。

7号上司常常主动提出各种新创意、新方法，同时他也会把求新求变当作团队中每一位成员开展工作应当遵循的原则。

他们喜欢新的工作内容，不断开拓新的市场领域，他们喜欢新的工作方法，喜欢另辟蹊径，在工作中他们力图避免沉闷，甚至有过分追求新创意、新尝试的倾向，以至于忽略了工作业绩的要求。

他们心急火燎地推广自己的创意，一旦有了新想法，他们总是希望立即执行，也会不断催促自己的员工去具体实现他们的想法。

7号老板的下属要懂得欣赏他们求新求变的作风。创新可以产生最大的能量，很多时候稍微变通一下，突破自己的思维定式，寻求变通，事情就会前进一大步。真正能够使有限资源产生无限价值的，并非资源本身，而是人脑袋里的无数创新点子。而7号老板身上的创新品质常常使得他们具有更好的眼光和前途。

7号老板的下属要在自己的工作中加强自己的创新能力。有一句话说得好："聪明地工作比努力地工作更重要。"要工作，就要注重成效。要取得成效，光流汗水是不够的，还需要把创新的思维和方法引入工作中，在工作中注入智慧，不断地改进工作方法，革新工具，从而不断地提高工作效率。这才是我们努力的方向，也是创新的目标和动力。

7号老板的下属也要懂得判断哪些新想法是他们真正的想法，

哪些想法只是他们在突发奇想。因为7号老板有着太多的想法了，而且他们的想法很善变，很难知道他们真正的想法。这个时候，作为他们的下属，就应该懂得对他们的新点子进行判断，对他们反复强调的点子要加以重视，但是他们随口所说的一些话，千万不要太当真，否则你可能会陷入真正的混乱之中。

总之，作为7号的下属，一定要学会适应他们求新求变的作风，发挥自己的创新能力，并且不为他们层出不穷的点子搞得大脑陷入完全混乱。

## 让“开心果”7号带动团队气氛

7号在生活当中常常是开心果的角色，有他们的地方就有笑声。所以在开展工作的过程中，也一定要善用7号人格下属的开心果角色。

工作在开展的过程中，常常会变得单调、重复，这个时候大家的心情都会显得沉闷，没有效率。这个时候可以发挥7号员工营造快乐气氛的天分，让他们担任一些团队建设或企业文化宣传的任务，这样不仅可以帮助他们发现工作的乐趣，还可以帮助你有效地构建和维护团队和谐、轻松的人际氛围。

另外，如果为了消除企业中不同部门之间的陌生感，提升企业文化在员工心中的融合度，他们也是很好的人选。

在央视大制作《创业英雄会》上，牛根生作为主持人，在俞敏洪和马云之间挑起争斗，争斗的焦点最终归属到悟空和八戒身上。俞敏洪认为悟空适合创业，有能力，有毅力。马云愿意选择八戒这样的合作伙伴，因为乐观，故而能长久。

“你为什么要选猪八戒？”牛根生问马云。

“最适合做领袖的当然是唐僧，但创业是孤独寂寞的，要不断温暖自己，像左手温暖右手，还要一路幽默，给自己和团队打气，因此我很希望在创业过程中有猪八戒这样的伴侣。

当然，猪八戒做领导是很欠缺的，但大部分的创业团队都需要猪八戒这样的人。”马云回答说。

俞敏洪仍是笑：“猪八戒更适合做一个成员，他是很轻松，但也不坚定，需要领袖带着才能往前走。猪八戒既然没信念，哪好就会去哪，哪有好吃的就往哪去，很容易在创业过程中发生偏移，有钱会，没钱也会。但孙悟空就不会，他有信念，知道取经就是使命，不管受到多少委屈都要坚持下去。也有忠诚，不管唐僧怎么折磨他都会帮助他一路走下去。还有头脑，在许多艰难中会不断想办法解决。有眼光，能看到别人看不到的机会和磨难。”

马云忍不住反驳道：“你是喜欢精英，我则喜欢平民。”

牛根生跟上发问：“要是你们选合作伙伴，会选谁？”

俞敏洪坚持选孙悟空，一直没有取代唐僧的猴子让俞敏洪感觉无比安全。

马云没选，他只说：“孙悟空的优秀谁都看得见，但猪八戒则有大家看不见的优点，做领导正是要发现别人的擅长。取经是团队的胜利，并非只靠金箍棒。”

是的，像猪八戒这样的7号是团队成功所需要的，正如马云所说的，“我很希望在创业过程中有猪八戒这样的伴侣”，领导如果想给团队加入更多的活力，就一定要学会善用他们开心果的角色。

## 用结果限定工作

7号人格下属常常把工作当成自己试验各种精彩新创意、新想法的平台，尽管他们有创意和想法是很好的事情，但是，他们却有可能陷入误区，忘记了自己应该达到的工作目标，忘记了自己任务的截止时间。所以面对他们应该强调完成工作本身的意义，应该用结果去限定他们的工作，这样才能避免他们工作过程中可能带来的风险。

因此，在工作中，一定要给7号提出结果上的要求，因为结果决定一切，就像下边的故事中所描述的，对结果的把握不同，几个员工的待遇也有了很大的不同。

小刘、小李、小王是大学同班同学，毕业后三人一同进入了一家贸易公司。一年后，他们的薪水却大不相同：小王的月薪是5000元，小李月薪3500元，小刘月薪1500元。

有一天，他们的大学系主任来到这家公司洽谈项目合作事宜，得知他们薪水的差距之后，就去问总经理："在学校，他们的成绩都差不多呀，为什么毕业一年就会有这么大的差距？"

总经理听完系主任的话，笑着对他说："在学校他们是学习书本知识，但在公司里，要的是执行的结果。公司与学校的要求不同，员工表现也与学校的考试成绩不同，薪水作为衡量的标准，就自然不同呀！"

看到系主任疑惑不解地皱着眉头，总经理对他说："这样吧，我现在叫他们三人做相同的事情，你只要看他们的表现，就可以知道答案了。”

总经理把这三个人同时找来，然后对他们说：“现在请你们去调查一下停泊在港口边的船。船上毛皮的数量、价格和品质，你们都要详细地记录下来，并尽快给我答复。”

一小时后，他们三人都回来了。

小刘先做了汇报：“那个港口有一个我的旧识，我给他打了电话，他愿意帮我们的忙，明天给我消息。我和他关系很好，今天晚上我再催一催他，您放心，明天一定给您消息。”

接着，小李把船上的毛皮数量、品质等详细情况给了总经理。

轮到小王的时候，他首先同样报告了毛皮数量、品质等情况，并且将船上最有价值的货品详细记录了下来。然后说：“我已向林助理了解到您的目的，是要在了解了货物的情况后与货主谈判。于是，我在回程中，又打电话向另外两家毛皮公司询问了相关货物的品质、价格等。据我了解，这些船上的毛皮质量与价格都是比较好的，但船主称他所有的毛皮均是一级品，我看过之后发现只有2/3是一级品，另外1/3是二级品，船主称价钱还可以再商量。我想这些信息在您明天谈判时都能用得上。”

此时，总经理会心一笑，系主任恍然大悟。

结果第一，行动的本质就在于抓住结果，实现预期结果。如果没有优异的结果其他一切都是空谈，纵使7号员工有形形色色的创意，也只能是白搭，所以还是要懂得给7号提出工作结果的要求，这样他们的创新才具有实际的意义。

# 7号人格的性格：只顾享乐会让人生狭窄化

## 只要7号喜欢，没什么不可以

7号是典型的享乐主义者，他们追求生活中的戏剧性、刺激性，对感官的需求特别强，如喜欢美食、服装、身体的触觉刺激，并纵情于娱乐。如果不停地有感官的活动与刺激，他们就觉得生命有意义。也就是说，他们认为生命最大的乐趣是与朋友相聚，把酒言欢，不停地感觉每件事都太好玩。为了使自己快乐，让自己的需要立即满足，他们不考虑规范，我行我素，认为只要我喜欢，没什么不可以。但是他们很注意身体的健康，因为那是找乐子的本钱。

在这种享乐至上的心理影响下，7号认为什么事都可成为娱乐，全世界都是他们的娱乐场。在生活中，他们会有很多计划，比如学钢琴、下围棋、练书法、游泳、登山，等等，都会是他们想去做的，但有的也仅是在心里想。既然没有去尝试，为何还要列入计划呢？因为这样做可以让他们保留"随时去做其中任何一项的权利。"

在享乐的过程中，7号总是积极投入，喜欢参与竞争，并希望获得胜利，要玩得比别人"精"，比别人"好"，以证明自己的才智过人。同时希望自己样样皆能，多才多艺，短时间能学会所有事情，好在别人面前炫耀一番。

7号不但要求自己享受生活中的刺激和欢乐，还希望身边的朋友也能加入到他们的享乐中来。因此，他们选择朋友时常常只选择那些有趣、好玩的人，而对那些行事中规中矩的人不屑一顾。而且，当他们看到朋友处于痛苦中时，他们很难主动去安慰朋友，反而是本能地躲开。在他们看来，与其面对这些痛苦让自己难过，还不如跑开去寻找那些令自己开心的事情。这看起来似乎没有同情心，但其实是因为7号喜欢把自己置身于一个快乐的天堂里，他们不允许痛苦存在于自己的生活中。如果真的存在，他们就会逃离它。

这种享乐至上的心理一方面帮助7号赢得了一个丰富多彩的人生，另一方面也容易促使他们进入一个误区：对金钱的迷恋，因为他们认为金钱是实现享乐的重要条件。这时的他们开始以财富为最重要的价值标准，认为金钱可以帮助自己得到想要的任何东西。他们变得极端物质主义，他们不想放弃任何获得自己所想要的东西的机会，他们把所有的钱都花在享乐上，结果常常陷入财务危机，或是因为在丰富的物质前感到精神空虚，陷入自我的迷失中。

由此可见，7号需要适当控制自己的享乐欲，明白一个人生命中需要充满享受，但是纯粹为欢乐而生存不免将自己的人生狭窄化。

## 乐观，但不沉迷美好的幻想

7号性格者是追求享乐的乐天派，他们天性乐观，喜欢追求新鲜刺激的体验，对于生活中的困难他们常常保持一种无所谓的乐观心情，他们总是大大咧咧，精力充沛，言谈举止掩饰不住搞笑，甚至给人一种“没心没肺”的感觉。他们的人生信条是：“我的快乐我做主！”

即便是当他们感到焦虑，对生命丰富性的信仰有所缺失，担心生活本身不能满足自己的需求时，他们也能够积极主动地寻求快乐。

比如，当他们对工作感到疲劳，就会赶快放下工作，把注意力转移到其他事情上，不要让枯燥和厌烦趁虚而入。而且，7号可以无休止地工作，尤其喜欢同时处理三件或四件事情，即他们很少会专一地做某一件事情，每一件事情都像三明治一样，被夹在其他快乐的事情中间。因此，他们总是显得精力旺盛、热情洋溢，是典型的乐天派。

他们对未来的乐观态度能够鼓舞他人，让人们接受他们的所有潜能和可能性，也能带给周围的人很多正面的影响，让别人感受他们的激情。因此他们常常被看作是快乐的“天使”，他们走到哪里都会带来欢声笑语，日常的生活和工作因为有了他们会更加具有快乐的色彩。

但7号过于追求快乐的心理也可能导致他们沉迷美好的幻想，忽略了现实。许多时候，7号都不能够充分体验现实，开始预期未来的经验，开始思虑自己想要做的事，或思虑如何才能得到快乐和幸福。于是，他们开始渐渐偏离现实，现实的本身状态难以让他们满足，他们注意力的焦点开始指向周围的外部世界，对这个世界的感觉不断刺激着他们，这些都让他们感觉兴奋，他们也能深切地意识到自己是快乐的、热情的，而这正是他们生活的目标。

总之，7号的乐观为世界带来美好和希望，他们面对现实的态度相当积极和富有感染性，是如此的乐观和活跃，他们有极度的热忱和丰富的好奇心，常常拥有许多天赋且得以全面发展，即使年老，也依然能够保持着年轻的心态，拥有顽强的生命力，不怕伤害和挫折，面对困境他们有着积极乐观的态度，他们深信：“如果生活只是给你一个柠檬，那么你还可以榨一杯柠檬汁喝。”人们如果能像7号一样保持乐观，积极向前，也将赢得良好的发展和快乐的人生。

## 要冒险，也要理性思考

7 号性格者追求快乐，相信生命是没有止境的，总是有令他们感兴趣的事情等着他们。他们认为，如果生命不去冒险，人生将没有意义。而且，他们敢于接受选择的失败，他们有强烈的冒险意识，不怕自己遭遇失败，也不会轻易为自己的不完美难堪，生命对于他们是一种学习过程，他们重视这种体验，每一次体验都是一个不断提升自己理解的契机。

他们充满想象力和创新力，常常能够化腐朽为神奇，变平淡为美妙，一次的简单散步都可以变成是与自然和季节的亲密接触，他们好想法不断，思想天马行空，不按套路出牌，是不拘一格的点子大王。这更能激发 7 号渴望冒险的欲望。

他们渴望冒险，对于冒险的计划充满了兴趣，对所有的可能都会伸开双臂欢迎，但是能挑起他们冒险欲望的，绝对会被摆在第一位。他们喜欢探索新领域，甚至渴望做那些从未有人想过会做的事，这能给他们提供奇幻、刺激的体验。他们喜欢做刺激性强的运动，比如攀岩、跳伞、蹦极、深海游泳等，并十分享受在这些极限运动中的刺激感觉。

心理学认为，每个人都有冒险心理，只是程度不同而已。人们为什么热衷冒险？众多心理学研究指向一个答案：人类是在利益驱动下冒险的；越是肯冒险，就越有可能变强大。美国加利福尼亚大学生物学家杰伊•弗兰认为，人类这种追求冒险的习性源于史前时期。当时，地球上生活着两大类原始人，一类筑巢定居，另一类则敢于向外开拓新天地。定居者多半待在自己的窝里，靠周围植物和小动物为生，始终小心翼翼。开拓者则到处漫游，他们认识到，大胆行为会增加死于非命的可能性，但同时能让其寻得更美味的水果和更多猎物。此外，开拓者还积累了丰富的求生经验，能更好地经受大自然的严酷考验，往往活得比较长，能养育众多子女，还能成功地把基因遗传给下一代，直到他们这类人最终得以在人类中占据主导地位。7 号正是在快乐这种利益驱动下开始了自己的冒险。

总之，7 号的冒险欲极为强烈，假如我们说 6 号质疑型做一件事情要有百分之八、九十的把握才去做的话，而 7 号只要有百分之一二十的把握就会去做，因为他们从不在乎结果的好坏，他们要的是那个刺激的过程。比如，许多具有 7 号特质的领导者，通常会一掷千金地为新产品成立一个新部门来运作，获利与否却不加考虑。

但 7 号也需要注意通过理性思考，适当地抑制自己追求冒险快感的欲望，以避免因脱离现实的冒险而导致一败涂地，陷入痛苦和绝望中。

### 生活单一，对 7 号就是种煎熬

7 号追求快乐，最怕生活单调、沉闷，因为每天重复单一的生活状态容易使人产生一种生命静止的感觉，这对于追求刺激享受的 7 号来说无疑是痛苦的煎熬。

而且，如果专心地做一件事，就会发现自身能力的不足，7 号会竭力避免发生这种情况，因为他们有强烈的自恋倾向，坚信自己是优秀的，不愿意承认自己不行。

为了逃避单一生活带来的煎熬，7 号学会了培养自己的选择性思维。因为各种选择的集合意味着 7 号永远无法被限制在一件事情上，他们能够感受到一种自由的状态，在这种自由的状态里他们往往是快乐的。也就是说，7号的多重选择是他们躲避内心恐惧的方式。失去各种机会，等于是要他们直接承担责任，毫无转圜余地等着接受后果，这会让害怕受限的7号陷入极大的焦虑。而拥有许多选择会让他们有逃脱的出路，能够增强生活中的愉悦感，消除枯燥和痛苦。

因此，7号总是喜欢参加各种活动，并以自己在各种新奇、刺激的活动中体验多元化的快乐感觉为追求目标。他们可能会身兼数职，因为他们的兴趣太广泛了。他们不想做专家，也不是一定要认真做事，只想热闹，有许多话题，在快乐中探索可能性。他们是天生的网罗工作者，通常承揽许多工作，并且为自己安排各种后备计划，结果是他们往往准备了很多的计划，却无法让自己完全投入到某件事情中。他们心里考虑的是"哪个计划是目前最合适的"。如果A计划被取消了，就去执行B计划。如果B计划无法进展，还有C计划。如果A计划失败了，而C计划又太无聊，至少可以选择B计划，而B计划可能会引出D计划。总之，他们的脑海中总是同时有好几件事情在进行，而且因为这些都是7号内心感兴趣的事情，很可能导致7号在完全不同的事情上做出相同的行为，反而做不好事情。

然而，正是这种多重选择，使他们很难定下心来做好一件事情。因此，7号需要培养自身的专注力，学会一次只做一件事情，并无惧难关，努力将这件事情做到最好。

## 健康自恋，没有人是全能

每个人都有自恋心理，只是程度不同而已。从心理学的角度来看，自恋是起源于一种源于自卑感的压抑的防御心理，自我由于不能以正常方式满足成就动机，采取了封闭过度关注自我的外在评价的种种虚幻形式，如名气、赞美等，有时会把是否得到他人的关注视为行动的唯一理由。总在追求外在物质所带来的享乐、逃避内心的悲伤、痛苦情绪的7号性格者就具有典型的由自卑引发的自恋倾向。

具有自恋倾向的7号享乐主义者从不认为自己是无能的，他们自视甚高，觉得能做任何自己想做的事。他们认为自己哪方面都好，简直就是完美无缺，达到了自恋的程度。认为“自己是全能的”。他们不喜欢“干这一行三十年了”之类专业上的赞誉，希望自己是“工作、交友、烹饪、绘画等等”无所不能的全才。他们自信“人们只有一个独特的才能，而我可是样样通”。并且，觉得做到这些无须下苦功夫，自己的未来充满无限的可能性，没有必要全力以赴。

而且，为了验证这种强烈的自信，7号只会寻找那些支持他们观点的环境和人，只喜欢与肯定自己价值的人交往。当自己的能力得不到认可时，他们会把原因推给别人，寻找借口，认为即使碰到一件坏事，也不必太在意，因为还有其他很多乐趣。7号的自恋倾向让他们看上去对他人漠不关心，不能依靠。他们只关心自己的安排和自己的快乐。

如果7号不能改正这点，那么在工作中便很难取得成绩。因为从心理学的角度来看，自恋者从来都是难以领会真实的不同意见，因为真实的批评作为不同的声音往往打破了自恋者的封闭圈子，让其意识到泡沫之外的社会世界作为自我的背景并不就是自我本身能够视而不见的影子，但自恋者宁愿不去正视这种不受限制的视域而和自己的影子搏斗，寻找曲解歪曲真实批评的借口，这就使得他们难以认识到真实的世界，因而常常做出错误的决定，反而让自己陷入痛苦的折磨中。

其实，每个人都需要一点点健康的自恋。我们都需要发现自己独特的价值和特质。但是如果我们过于沉迷于自身的独特性中，而对于那些反映客观真相的建议视而不见，那就有问题了。因此，7

号要试着克制自恋的心理，学会把目光从自我的优势转移到周围人的长处上，多听取他人的意见乃至批评，才能帮助自己看到更真实的世界，做出更正确的决定，赢得更好的发展。

## 7号人格的交往：在闲谈中知晓一切

### 和7号交往，无需太拘谨

7号具有天真、坦诚和灿烂的个性，他们常常把焦点放在了快乐、轻松的氛围上，他们觉得这样的人生才有意思。

他们就像下边故事中的约翰一样，即使在生命垂危之时，依然可以抱有足够的幽默感和乐观精神，仿佛是一只打不死的“小强”，保持着旺盛的生命力，总能让周围的人处于他们营造的快乐氛围中。

约翰是一家公司的销售主管，他的心情总是很好。当有人问他近况如何时，他回答：“我快乐无比。”

如果哪位同事心情不好，他就会告诉对方怎么去看事物好的一面。他说：“每天早上，我一醒来就对自己说，约翰，你今天有两种选择，你可以选择心情愉快，也可以选择心情不好，我选择心情愉快。每次有坏事情发生，我可以选择成为一个受害者，也可以选择从中学些东西，我选择后者。人生就是选择，你要学会选择如何去面对各种处境。归根结底，你自己选择如何面对人生。”

有一天，他被三个持枪的歹徒拦住了。歹徒朝他开了枪。

幸运的是发现较早，约翰被送进了急诊室，经过18个小时的抢救和几个星期的精心治疗，约翰出院了，只是仍有小部分弹片留在他体内。

6个月后，他的一位朋友见到了他。朋友问他近况如何，他说："我快乐无比。想不想看看我的伤疤？"朋友看了伤疤，然后问当时他想了些什么。约翰答道："当我躺在地上时，我对自己说有两个选择：一是死，一是活。我选择了活。医护人员都很好，他们告诉我，我会好的。但在他们把我推进急诊室后，我从他们的眼神中读到了'他是个死人。'我知道我需要采取一些行动。"

"你采取了什么行动？"朋友问。

约翰说："有个护士大声问我对什么东西过敏。我马上答有的。这时，所有的医生、护士都停下来等我说下去。我深深吸了一口气，然后大声吼道：子弹！在一片大笑声中，我又说道：请把我当活人来医，而不是死人。"

约翰就这样活下来了。

因此，和7号在一起，也应该考虑他们的这一特点，和他们交往的时候，不要太严肃和拘谨，要放得开一点，尽量和他们一起共同营造一个轻松快乐的氛围，这样的话，他们也会和你产生更多的共鸣，而你们的交际也才可以更加顺利地进行。

## 帮助7号培养专注力

在一个群体中，健康状态下的7号可能是最起眼、最能干的那个。如果7号在智力方面具有先天优势，那么他可能会是个天才。即使没有先天禀赋，那么他们也会比同龄的人多一些才艺，很容易在团队中成为令人瞩目的那一个。这是因为，他们对每一项要完成的技能，都会有一种务实的态度，不会像6号那样担心过程中可能遇到的种种阻碍，对于7号来说，有兴趣就要去做，他们的精力更多的是在未来上。

让兴趣引导行动的7号往往是随性的，他们不喜欢接受规范的教条限制，喜欢我行我素，总认为“只要我喜欢，没有什么不可以”，因此7号在行动时总是有点散漫。他们很害怕沉闷束缚，因而在做事的时候很少会列出一份周详的计划，更多的时候是随性而起，想做就去做。

在与人谈话时，他们也多表现得随性而自我，比如当他兴奋的时候，常常会抓住一个人就会说很多，也不管对方感不感兴趣，他们只顾自己一吐为快。他们喜欢漫无目的地闲谈，他们的注意力非常分散，他们的谈话似乎都是即兴的。话题却不拘一格，可以是体育、餐饮，也可以是从前的电影等，他们海阔天空地谈一些对方感兴趣的事情，当然他们也可能想到什么说什么，喋喋不休，不着边际地瞎聊，白白浪费宝贵的时间。因此，随性的7号常常给人一种“三分钟热度”的散漫印象。这种散漫的个性，其实是很不利于7号在某些方面长足发展的，有的时候，他们还可能被自己的这种散漫个性所连累，给人留下不好或很难放心的印象，从而白白误了很多大好时机。

细究7号这种随性心理产生的原因，人们会发现：他们内心的恐惧是产生这种随性心理的根源。当7号对某件事情过于投入时，他们心里会由于注意力的局限而生出负面的反对声音，从而令他们感到恐慌，因此他们会以同时关注或选择多种事物来逃避这种恐慌的心理。

因此，人们在与7号相处时，首先要做的就是扫除他们心中的恐慌，而专注力就是扫除恐慌的利器。要想帮助7号培养专注力，比较有效的方法是将他们探索的大目标分解成一个个循序渐进的小目标，当他们每完成一个小目标时，就和他一起庆祝，分享达成目标后的喜悦，引导他们下一次试着自己去制定每个小目标。当他们将“分解目标”的做事方式变成一种习惯后，他们自然而然也就能够做到坚持了，也就能更多地享受到成功的欢乐。

## 多谈点新奇刺激的话题

7号头脑灵活、思维敏捷，且这些敏捷的思维都指向对“新、奇、特”的感受和追求上，也因此导致他们平日里经常一心多用，同时操练很多事情。虽然有时候会手忙脚乱，但你会发现，他们似乎很享受这种手忙脚乱导致的状态，认为这很刺激。因此，他们会在日常生活中安排各种好玩、新奇和刺激的事情，什么新鲜、潮流的东西他都要去尝试一下，虽然他们很少长久地坚持下来。

他们也乐于和别人分享这些事情。同样，如果你能主动和他们谈论这些事情，常常也能引起他们的极大兴趣。人们和他们在一起时，可以谈论各种各样的事物。比如谈论足球，谈论篮球，谈论魔方的玩法，谈论新出的电影，谈论新开的一家特色饭馆，和他们谈论流行的鬼故事，和他们谈论世界上的奇闻轶事，和他们谈论新开的游乐场、新出的网络游戏和桌面游戏，等等。只要是新奇刺激的话题，都能引起他们极大的兴趣。

著名的汽车推销员乔·吉拉德，一次向一位先生推销汽车，终于说服了对方。那位先生在把钱递给乔·吉拉德时，谈起了自己的儿子，说自己的儿子如何了不起。可乔·吉拉德对他的儿子不感兴趣，只想快点拿到钱。乔·吉拉德的表现引起那位先生的不满，乔·吉拉德还没有接到钱他就转身走了。乔·吉拉德晚上给那位先生打了一个电话，问他为什么要把钱收回去。那位先生回答："没什么，就是我在跟你谈我心爱的儿子的时候，你对我的儿子不感兴趣。"

人人都希望谈论自己感兴趣的话题，如果别人对自己的兴趣不予关注，那么他们常常会很失落甚至生气，正像给汽车推销员谈论儿子的这位先生一样，不愿意和你进行进一步的合作。谈论对方感兴趣的话是一条重要的交流准则，因此和7号在一起时，一定要学会常常谈论他们感兴趣的话题，而新奇刺激的话题，正是他们所喜欢的。

## 与7号相处，要帮他正视问题

7号追求快乐的背后潜藏着极强的逃避悲伤的心理，因此他们的最大问题是不能察觉问题已经发生。他们自己不会被环境扰乱情绪，便以为别人的心情也一样，永远阳光普照，不会乌云蔽日，因此他们理解不到别人的焦虑与哀愁。而且即使他们发现伴侣已积累的满腔愤怨，或者伴侣主动拿出来讨论，很多时候也不会觉察到问题的严重性，而认为不需要花时间费神解决，不断进行逃避，伴侣很可能会因为他们这种态度感到沮丧与绝望。

他们就像下面这则寓言故事中的猴子和癞蛤蟆一样，不断地逃避现实中的问题，他们在不断地拖延，常常会把问题拖延到无可救药的地步。

一个雨夜，一只猴子和一只癞蛤蟆坐在一棵大树底下，一起抱怨这阴冷的天气。“咳！咳！”最后猴子被冻得咳嗽起来。“呱——呱——呱！”癞蛤蟆也冷得叫个不停。当它们被淋成了落汤鸡，冻得浑身发抖的时候，它们商议再也不过这种日子了，于是它们决定天一亮就去砍树，用树皮搭个暖和的棚子。

第二天一早，当橘红的太阳在天边升起，金色的阳光照耀着大地的时候，猴子尽情地享受着阳光的温暖，癞蛤蟆也躺在树根附近晒太阳。猴子从树上跳下来，问癞蛤蟆：“嗨！我的朋友，你现在感觉如何？”“啊哈，再好不过了！”癞蛤蟆回答说。“我们现在还要不要去搭棚子呢？”猴子问。“猴子老兄，你说是动刀动斧地砍树皮好呢，还是在温暖的阳光下饱饱地睡上一觉好呢？”癞蛤蟆懒洋洋地说，“再说动刀动斧的，碰到自己怎么办？”“那好吧，棚子可以等明天再搭！”猴子也爽快地同意了。它们为温暖的阳光整整高兴了一天。

天有不测风云，傍晚，又下起雨来。它们又一起坐在大树底下。“咳！咳！”猴子又咳嗽起来。“呱——呱——呱！”癞蛤蟆也冻得喊个不停。它们再一次下了决心：明天一早就去砍树，搭一个暖和的棚子。

可是，第二天一早，橘红的太阳又从东方升起，大地再一次洒满了金光。猴子高兴极了，赶紧爬到树顶上去享受太阳的温暖。癞蛤蟆也一动不动地躺在地上晒太阳。

猴子又想起了昨晚说过的话，可是，癞蛤蟆却说什么也不同意：“干吗要浪费这么宝贵的时光，棚子留到明天再搭嘛！”

7号有忽视现实问题的倾向，总是把问题拖延到明天，他们需要正视和伴侣相处过程中产生的各种问题，不要去逃避，因为逃避只能使问题越来越严重。

因此，人们在与7号相处时，要尽量帮助7号正视问题，引导他们将问题看成是自己成长的好机会。即，当7号开始逃避问题时，不妨提醒他们找时间静下心来分析问题，找出对自身有利的方面，并努力化解不利的方面，最终真正解决问题，才能获得真正的快乐。

# 第八篇
# 解密8号人格：天生的领袖，注定的强者

8号领导者是一个很有条理、有效率、自信、坦率的人。他们有很强的实力，善于利用自己的特长，毫无保留地支持自己认为有价值的事情，并且能够迅速地采取行动。他们追逐权力与地位，争强好斗，但也能尊重那些坚持自己立场的人，即便这个人是他们的对手。同时，他们又追求公平和正义，能够保护弱小者，尤其保护那些属于他们阵营的人。他们的宣言是：我是天生的领袖，我要做强者。

# 8 号人格的婚恋：爱是自由不是控制

## 敢于担当，敢于回应

8 号性格者是忠诚、有责任感、正义的守护者，他们往往表现出具备热情、勇气、正义感和承担力等特点，随时都是生气洋溢、神采飞扬的自信模样。

在爱情中，他们愿意一生一世保护所爱的人，不让伴侣饱受外界的风吹雨打。他们会在生活中主动承担家庭责任，保护对方不受压力的影响。而且，他们对伴侣非常慷慨，总是能够满足对方的各种物质上的要求，也会经常购买一些礼物赠送给对方以表达自己的爱意。同时，他们会为家庭制定长远的发展目标，且这些目标都很具体实在，如买车、买房、要有多少存款、移民，等等，并且一定会努力让目标实现。

纵观古今中外的幸福爱情，都会发现：能够享受幸福爱情的人必须具备一个品质——敢担当，即人们常说的“有责任感”，遇事能够为了给予伴侣快乐和幸福，坦然担当他们应该担当的一切，绝不有半点逃避的行为。因为婚姻其实就像一场关于爱和心灵的战争，战争打响的开始阶段，也许拼的是士气和激情，但打得久了，拼的就是一种责任了，责任是每一个士兵的天职，不管有多么疲惫，不管负多大的伤，决不轻易下火线，直至坚持到生命的最后一刻。在爱情的战场上，敢于担当的 8 号性格者往往是轻伤不下火线，重伤也不后退的楷模。

而从心理学的角度来看，敢于担当其实就是一种敢于回应的表现。爱情中，8 号将能把给予伴侣保护视为一种理想，并为了实现这一理想而甘于奉献一切，这不就是行动给予理想的回应吗？诚如路易斯在《痛苦的奥秘》里写过："对我们而言，最高形式的行为是回应性的，而不是主动性的。"因为当人身处困境，因回应而来的伸手最值得珍惜。因为回应而伸来的援手，被援助的不需要呐喊与哀求，援助的不需要奉送同情和怜悯，它是一种自然本能的反应，是一种基于良心的自觉，是一种舍我其谁的选择。

而对于 8 号这种给予回应的勇气，即敢于担当的魄力，伴侣不仅要懂得欣赏，尽量给予赞美，还要以实际行动给给予他们回应——直接向他们表达你对他们的依赖，让他们能够感受到你对他们的需要，因为他们不拘小节，很难觉察到你拐弯抹角的表达或言行上的暗示。

## 给自尊心强的 8 号留点"面子"

8 号有着较强的自尊心，他们特别关注个人的形象问题，他们认为自己在人前的面子是一件至关重要的事情，他们重视自己的这份尊严，他们也愿意用一切代价去捍卫自己的这份尊严，他们是为了面子愿意牺牲一切的人。即便是在爱情中，他们也可能在激怒伴侣后碍于面子问题不去认错，从而激发更大的矛盾和冲突。根据他们的这一特点，他们的伴侣需要理解他们自尊心强的心理，更要注意在生活中维护他们的面子，这样他们会感激你，从而愿意为你做出最大的贡献。

俗话说："人活一张脸，树活一张皮。"有时候，人往往把自己的脸面看得比什么都重要，即使他明明知道自己错了，但在众人面前也要"死扛"面子。其实，这就是人的自尊心，每个人都有，每个人都会碰到这样的事情。因此，经常给人留面子也是行走社会的必备知识，即不论在什么场合，尤其公众场合，不要与别人据理力争，哪怕你有一千个理由可以证明自己是对的，也不要不顾一切地批驳对方，非要对方心服口服不可。那样对方会感觉自尊心受到伤害，进而与你"顽抗"到底，甚至从此记恨你一生。对于自尊心强的 8 号来说，更是如此。这种情况下，最聪明的办法是给 8 号留有余地，让他不失体面地认同你的观点。

生活中，许多婚姻的破裂都是源于一个微不足道的细节——抱怨和斥责。对于渴望控制一切的 8 号来说，他们大多受不了伴侣长时间指点自己生活中的疏忽和漏洞，因为这触到了他们不愿触摸的痛处——他们的局限和弱点，会促使他们产生自我怀疑，从而丧失控制一切的信心，陷入无尽的痛苦中。尤其是当伴侣在亲朋好友面前指出 8 号的缺点时，会让他们感到"丢面子"，引发他们的怒火，甚至做出报复伴侣的举动——开始挑剔伴侣的毛病来。如果彼此长期互相指责下去，爱将渐渐消失，和谐的关系不复存在，爱情也将走到终点。

因此，8 号的伴侣需要以包容的心态看待 8 号的强势，在生活中多给自尊心强的 8 号留"面子"，配合他维护个人威信，就能赢得他们对你的保护和爱。

## 委婉地向 8 号提出反对意见

8 号渴望控制一切，他们总是倾向于将自己定位成一个主宰人生、主宰世界的权威者角色，因此他们时刻都要让自己表现出威严、强势、霸气的样子，并总是以一种对抗的态度面对环境，并以此来保持自己掌控一切的地位。在人际关系中，即便是在爱情中，他们也经常以否定的方式、挑衅的态度表现出对抗伴侣、维护自己威势的状态，给人一种盛气凌人的感觉。

即便他们发现是自己错了，他们也不愿认错，因为他们为了保持自己的权威者形象，总是否定自己软弱的一面。他们认为一旦示弱就会被人趁虚而入，从而让人伤害到自己，所以一定要时刻保持强硬的状态。但是长期的盛气凌人，甚至是嚣张的气焰反而引起了伴侣对自己的对抗和攻击，这又让 8 号人格内心的战斗欲望更加强烈，使得他们以更加强势的态度和霸道的行为来捍卫自己的“领导地位”，从而陷入到无休止的战争之中，让自己身心疲惫。特别是当他们独处的时候更是会感受到内心的脆弱，甚至会产生一种无力感。

面对霸道的 8 号，伴侣要尽量避免用教导式的口吻，如果你想要求他们为自己做一些事情，最好采取一种看似无心的表达，让他们感觉你没有在命令他们做事，而是他们用心听到了你无意间的自言自语，然后精心为你采取行动。这样既满足了自己内心的需要，又让他们能够很快乐地接受，还不会伤害他们的威严和强势。但要注意，你的“无心”的表达亦要把需要明确的意思表达出来，不要用暗示性的话语。

此外，在向他们表达你的反对意见时，不要使用对立的语气或生硬的态度，虽然他们喜欢直截了当，但对于他们的反对意见，你亦要懂得以温和、委婉的态度来表达，否则他们只会觉得你是在向他们宣战，并会毫不介意地与你展开争论。最好是以一种自己不明白他们的意思的态度，以向他们发出请求的方式，要求他们把想法、问题说明白，同时在他们讲解的时候把你的意见以肯定他们的方式融合进去，这是有效地向他们表达反对意见的方法，且还容易被他们接受。

## 不要正面对抗 8 号的愤怒

8 号习惯遵循内心的感觉和冲动行事，高兴的时候就笑，愤怒的时候就发火，他们从不克制自己的情绪。他们意志坚强，性格极具攻击性和扩张性，无论在任何场合，他们都是一等一的战士，披上恺甲，便会勇敢杀敌。他们不惧怕与人对质，甚至可以说喜好与人作战，通过连场大大小小的战役，他们借以锻炼自己本已强韧无比的斗志更上一层楼。总之，8 号常常给人以暴躁易怒的强硬印象。

即便是在爱情中，他们也不乏争斗的心态，常常用热烈的争吵来激起热情。一方面，这是基于 8 号直率的性格使然，认为事无大小都可以摊开来讨论得一清二楚，将真相弄个明白，他们不会理解欠缺是非标准的情景究竟是怎么一回事。另一方面，他们也想用吵架来探听伴侣的心事和底线。他们自己在心灵上异常强健，也要求伴侣不可过分脆弱，什么都惟命是从。当他们大声咆哮时，他们期望对方也报以有铿锵坚定的答复，爱理不理的冷淡响应或一副惊弓之鸟的受伤害模样，会遭到他们的轻视，令他们怒不可遏。“宁愿大吵大闹的争辩，也不要含含糊糊地收场”，是 8 号自信与伴侣的正确相处之道。

因此，身为8号的伴侣，你需要明白他们的挑衅很多时出于一时的负面反应而已。过后便会忘得一干二净，因此他的粗俗语言不一定代表恶意中伤或人身攻击，明白这点，就不会那么容易被他击倒。

更重要的是，伴侣需要学会以平常心对待暴躁易怒的8号，即当8号人格伴侣发脾气时，不要正面对抗他的愤怒，这样只会让他们与你争吵，并以打败你作为保持自己威信的方法。如果你转变态度，不予回应他的愤怒，等待他情绪宣泄过后，要主动向他们示好（他们爱面子的个性需要你主动为他们创造一个放下自己强势态度的台阶），再和他慢慢沟通你的想法，你会让他们觉得在你面前无论怎么表现都是安全的，你不会因为他们展示脆弱的一面而厌烦他，从而能够退去武装，彻底地在家中放松心灵，也就能营造和谐幸福的爱情。

## 8号人格的职场：不逃避，不依赖

### 认可8号上司的权威

8号上司在方方面面都很高明，如工作经验丰富，有较强的组织、管理能力，看问题有全局观念等，而且性格直爽、办事果断、粗中有细，但他们也有缺点，会犯错误，这是无法避免的。

一些人很反感自己的8号上司，因为他们太专断和强势，他们可能表面服从，心里却缺乏尊重，甚至顶撞、抢白上司，时时处处表现出自己高出上司一等。缺乏对8号上司最起码的尊重，会使你与上司的关系严重恶化，甚至造成严重的后果，麦克阿瑟将军就是因为对领导不尊重和不服从而被免职的，可以作为前车之鉴。

想当初，哈里·杜鲁门总统为何解除了道格拉斯·麦克阿瑟将军的职务？

朝鲜战争的失败只是其中的一个原因。杜鲁门总统在解除麦克阿瑟将军职务时说，他之所以终止麦克阿瑟将军的政治生涯，既不是由于麦克阿瑟将军同他意见不一致，也不是由于麦克阿瑟将军对他进行人身攻击，而是由于麦克阿瑟将军不尊重总统的办公厅，他私自行动，不报告也不申批，而且上级的命令有时他还拒绝服从，这些都是绝对不能容忍的。麦克阿瑟最后被撤职，就是因为他不服从上级指令。

麦克阿瑟不服从上级指令可是历来有名的。在20世纪20年代末、30年代初的经济危机期间，一些退伍军人及其家属到华盛顿请愿，要求政府发给现金津贴。当时任陆军参谋长的麦克阿瑟到示威现场阻拦。时任总统的胡佛指示麦克阿瑟不要动用军队对付示威者，麦克阿瑟对总统的指示不予理睬，用军队驱散了示威的人群。

二战结束后，杜鲁门总统尽管对麦克阿瑟印象不佳，还是看重他的能力并委以重任，并任命麦克阿瑟为日本的管理者，对日本的政治、经济进行改革。但麦克阿瑟在没有经过总统批准的情况下，擅自将驻日美军削减一半。麦克阿瑟的举动实属目中无人，杜鲁门大为恼火。战争结束后，杜鲁门两次邀请麦克阿瑟回国参加庆典，都被麦克阿瑟以“日本形势复杂困难”为由回绝。

1951年4月11日，杜鲁门总统实在无法忍受麦克阿瑟的目无法纪，下令撤销了麦克阿瑟的一切职务。令麦克阿瑟尴尬的是，他是在新闻广播中获悉自己被撤职的。这一消息实在太突然了，没有丝毫思想准备的麦克阿瑟听到后，面部表情一下子呆滞了。他万万没有想到，功勋卓著的他，会被总统撤销一切职务。

是的，你不管怎样讨厌你的8号领导，都要在他手下做事。因此，与其痛苦地面对，还不如开始接纳他，并从心里尊重他、理解他。如果你绝对尊重和服从他们的权威，他们会为此欣慰，也会有意栽培你。

## 对8号老板，无须事事都汇报

8号喜欢抓战略方向，但是他们不喜欢关注太多的细节工作。他们的性格和脾气比较急，他们一旦陷入太多的细节工作，常常会产生厌烦情绪，也很容易发火。作为这样的上司的部下，一定要了解他们的这一特点，和他们汇报工作的时候，抓住主要的工作去汇报，而且自己去做事情的时候，要更多地在大方向下边，发挥个人的主观能动性，不要什么事情都向他们汇报，这样他们会更加感觉到你的工作能力，也会对你更加栽培。

在8号手下做事情，可以学习一下下边故事里的赵蕊女士，她并没有大事小事都向领导汇报，而是发挥自己的主动精神，取得了成果，也使得老板对她更加认可了。

赵蕊是一名设计师，供职的是一家大型建筑设计公司。该公司要求设计既要考虑到顾客的要求，也要考虑到施工方的能力，还要考虑到设计者的个性。在工作中，赵蕊的老总要求每一位设计人员对自己的作品负责，不要把问题推给任何人。

有一次，老板要赵蕊为一名客户做一个写字楼的可行性设计方案，时间只有三天，客户的要求很挑剔，但老板只说了一句“所有的事都交给你了”就转身离开了。

接到任务后，赵蕊看完现场，就开始工作了。三天时间里，她都在一种异常兴奋的状态下度过。她跑工场、看现场，光楼梯就爬了25层，去地下车库也是二话不说。为老板的要求修改工程细节，异常辛苦，但赵蕊毫无怨言。能得到老板的信任，可以自由地实现自己的设计理念，这使赵蕊不但不感到委屈，反而挺自豪。她食不甘味，寝不安枕，满脑子都想着如何把这个方案弄好。她到处查资料，虚心向别人请教。

三天后，她带着布满血丝的眼睛把设计方案交给了客户，得到了客户的肯定。客户当着老板的面称赞了赵蕊，说她表现很卓越，设计水平一流。

赵蕊后来对老板说：“关键是你的信任和授权让我们都有做事的冲动，你的管理很到位。”老板也对赵蕊说：“如果你不能完成，我也许就要把你辞掉，但是你做到了。”

工作中遇到林林总总的问题时，不要幻想逃避，不要依赖他人的意见，要敢于做出自己的判断。对于自己能够判断，而又是本职范围内的事情，大胆地去拿主意，不必全部禀明你的8号老板。否则，只会显得你工作无能，也显得8号老板领导无方。

## 在其位，才谋其政

8号内心有着极强的控制欲，因此他们常常是规则的制定者，并希望其他人都遵从自己的规则。在职场上，8号老板更希望员工服从固有的制度，这样一切才会显得有秩序，从而帮助8号将控制权牢牢抓在手中。

但是有一些人，特别是刚刚参加工作的员工，常常会心高气傲，看不起固有的领导，经常会越过自己的上司，直接找主要领导办事。他们自以为自己很聪明，但是他们却不知道，无意中他们已经犯了8号领导的大忌，他会不认可你的行为，到最后让你陷入两头不讨好的境地。所以，一定要记住，即使你的上司只是个“九品芝麻官”，也一定不要越级办事。

小刘和小王是同一部门的普通工作人员，他们有一个共同的特点，就是精明果断，办事能力颇强。但该部门的主管却拖拖拉拉，优柔寡断。对此，心高气傲的小刘早就颇有微词。

公司向该部门下达了新的业务指标，主管反复考虑，瞻前顾后，一直无法提出具体的计划和方案。心怀不满的小刘于是直接向总经理打报告，提出了自己的一套方案。

而为人低调的小王则选择跟主管共同商量，拿出相应的对策和方案。在小王的启发下，主管凭借自己丰富的实战经验，很快提交了一套同样出色的方案。最终，公司采纳了主管的方案。

不久，主管获得提升，小王在他的推荐下，接替了他的位子。怨气冲天的小刘很快便离开了公司。

小刘忽视了一点：在很多情况下，主管的能力不一定比下属强，但这不能改变主管与下属之间从属的关系。把自己的聪明才智无私地奉献给主管，小刘可能认为这样太冤了，心理上难以平衡，而事实上，只有主管得到提升，你才能有出头之日。若你在紧急关头及时“救驾”，你的主管会从此视你为得力干将，对你另眼相看。一旦有机会，你得到提升便是水到渠成的事情。

越级越权，企图盖过上司的风头，在上司的上司那里表现自己，这种行为会严重损害到部门主管的感情，给自己以后的晋升带来难以逾越的障碍。因此，除非万不得已，千万不要越级。公司像一部复杂而精密的机器，每一个部件都在固定的位置发挥着不同的作用，以保障整部机器的正常运转。然而有一部分人为了突出自己，老是喜欢搞越级活动，这些人大部分都对自己的顶头上司有某种不信任或者不服气。这样做的后果不仅会扰乱了公司的正常工作程序，造成人为的关系紧张，反而影响了工作效率，更影响了自己的晋升之路。

在 8 号领导的手下，一定要懂得这个道理。在其位要谋其政，不属于自己职责范围内的事便要小心谨慎，尽量少插手、不插手。遇到自己不熟悉的工作时要多请示，否则，往往会不自觉地造成越权行为，好心办错事。“雷池”不可轻越，万事谨慎为先。

### 给 8 号员工创造公平竞争的环境

公平是规章的第一要义，领导者切不可有偏心，尤其是面对追求公平和正义的 8 号员工的时候。创造公平的竞争环境是管理者和 8 号下级搞好关系的前提条件，这样才能得到 8 号员工的认同，他才愿意和你同舟共济。

当 8 号员工感到所在企业是一个公平世界时，才能有一种平衡感，才能有一种希望，才能真正发挥自己的苦干精神，对企业产生高度的信任，并表现出强烈的奉献精神，从而有利于提高企业的绩效。

从心理学的角度来分析，人才只有在竞争中才能充分发挥学识和才华，不过要进行竞争，就要有一个机会均等的社会环境，方能让人才在公平、平等的环境中，通过考试、选拔等各种方法发挥自己的才能。没有适当的竞争，就没有人才优质化；没有公平的竞争，人才就难以脱颖而出。因此，领导者努力创造一个机会均等、公平竞争的工作环境，就是促进人才快速成长的关键。

古今中外历史上一些开明的君主都十分注意创造机会均等的环境，让更多人才能够发挥才华。比如，唐朝的女皇帝武则天为了克服科举上依靠门第、亲戚、私人关系和请人代笔的作弊现象，立志改革科举，并下令所有考生答完试题后，一律将试卷上的名字粘起来，以防徇私舞弊，从而给有才华的人创造了一个公平竞争的机会。

相反，如果领导者不能为人才创造一个公平竞争的环境，则必然留不住人才。比如，《红楼梦》中的探春就是典型的8号性格者，她精明能干，有心机，能决断，连王夫人与凤姐都让她几分，有“玫瑰花”之诨名。她在大观园中是具备管理能力的女性之一，也是行将没落的豪门中的一个改革者。探春对贾府面临的大厦将倾的危局颇有感触，她想用“兴利除弊”的微小改革来挽救，但无济于事。然而在腐朽的封建家庭里，在男尊女卑的传统观念桎梏下，她无法一展才华和抱负，最后还是摆脱不了远嫁他乡的悲剧命运。

因此，领导者在面对追求公正又实力超凡的8号员工时，一定要为其创造公平竞争的环境，往往能有效激发他们的竞争欲，促使他们更好地发展，并能促进团队内的良性竞争，带动团队其他人共同进步，从而创造一个快速发展的和谐团队。

## 强悍的实力才能赢取8号员工的信服

8号员工总是表现得像领导者一样，而把真正的领导者撂在一边。他们喜欢掌控他们的地盘，而且他们天性总是试图对外扩张领土，而且他们的控制欲让他们可能去反对权威，会给他的领导带来潜在的麻烦。他们只有碰到一个真正有能力的领导的时候，他们才能够真正地信服他。

为了防止你的8号下属一点一滴侵犯你的领土，面对他们你可以透露出自己强悍的一面，甚至可以进入他的领地不断试探。你要为他设立清晰的限制，这样可以让你对他产生一定的威慑力。而8号是那种在面对界限和惩罚时，反而能表现得更好的人。

曾经教过比尔·盖茨的一位大学教授评价他说："他是我所教的学生当中最好的学生，我不能想象还有比他更聪明的人。搞软件对他来说几乎是不费力的。"比尔·盖茨的一位同学也说："他是一位天才，问题就这么简单。他说他的脑子里尽是一些软件开发方案，而我们不能不信他的话。"从这些话语中我们不难看出比尔·盖茨拥有独特的能力，他对身边的人构筑了非凡的信誉和影响力。

同样，有一个人是这么评价一位他非常尊敬的领导的："他确实非常有魅力，这在两件事上明显地表现出来。一是他身上凝聚着有关制造业的全部知识，对此，他可以信手拈来，随意说出，可见，他对自己的专业了解得极为透彻。他刚一到任，就全面地更新了生产的流程，使得我们厂终于生产出自己的产品，而这在以前是从来没有过的。二是他给我们留下了深刻的印象，那就是干什么他总比别人领先一步。当他和我们说出他的想法以后，很多人发自内心想说："真希望那是我自己说的。"

要想让你的 8 号员工信服，你就需要让他了解你超凡出众的能力，让他知道你不同于一般人，让他知道你的独一无二，你非凡的战略眼光，你丰富的知识及技能，你非同寻常的专家影响力，你所拥有他没有的实践经验。

这样 8 号员工不仅会心甘情愿地接受你，而且会做出异乎寻常的决定去追随你。因为一旦拥有你个人坚定不移的信念，他们就会坚定地认为，你是如此非凡，你肯定知道问题的全部答案，你有办法变理想为现实，这样他就完全对你心服口服了。

## 8 号人格的性格：一切听我的

### 力不如人时就转换策略

8 号人格有一种与生俱来的正义感，主持公道是他们的责任，并且他们也喜欢通过伸张正义的义举来证明自己的实力，以便从中收获掌控一切的成就感。他们在生活和工作中，常常会不自觉地做出维护公平和正义的举动，他们自己有时候甚至都不知道是怎么回事，但是自己不自觉当中就做了。也就是说，遇到环境中的任何不公平或有失正义的现象，他们一定会站出来维护公理，为大家，也为自己争回公道。

2005年在上海举办的世界乒乓球锦标赛的一场淘汰赛中，中国选手刘国正对德国选手波尔，胜者进入下一轮比赛，负者只能打道回府。

这是一场两强的对决，一时难分胜负。在第7局也是决胜局里，刘国正以12比13落后，再输一分就将被淘汰。就是这关键的一分，刘国正的一个回球偏偏出界了！观众们都屏住了呼吸，不敢相信眼前的一切，刘国正自己好像也蒙了，愣愣地站在那里；波尔的教练已经开始起立狂欢，准备冲进场内拥抱自己的弟子。就在这一瞬间，波尔却优雅地伸手示意，指向台边——这是个擦边球，应该是刘国正得分。就这样，刘国正被对手从悬崖边“救”了回来，而且最终反败为胜。

对于波尔来说，夺取世界冠军是他的夙愿，却屡屡失之交臂。这一次，只要赢下那一分，他就可顺利晋级，便又向自己的梦想靠近了一步。而这个球是否擦边观众根本看不到，对手也看不太清楚，即便是裁判也可能错判。但是，波尔却毫不犹豫地选择了主动示意。波尔失利了，同时赢得了异国观众雷鸣般的掌声和世人的尊重。赛后，记者们追问他为何要这么做。他只是轻描淡写地说了句：“公正让我别无选择。”

波尔就是一个典型的8号性格者，他们追求公正，他们绝对不允许自己以不公正的方式赢得胜利或利益，这对他们将是莫大的侮辱。他们认为公平斗争实际上是双赢的选择。如果他们战胜了对手，他们就能获得掌握控制权的满足感；如果他们输给了有实力的对手，他们也证明了对方是公平的，并为这种公正感到愉悦。

他们寻求公平和正义，但并不幼稚，无论是他们为自己还是为他人“路见不平拔刀相助”的时候，都会迅速衡量一下“敌我”双方的实力，如果自己“力不如人”就会转换策略，以迂回方式反抗。有些时候他们甚至会选择忍气吞声，但他们绝不放弃斗争，只是保存实力，积聚力量，蓄势待发。

## 王者风范，控制是种欲望

8号性格是九型人格中的“统治者”，他们在生活中希望依靠自己的实力来主宰生命，并且喜欢控制身边的一切人和事物。而且，他们有一种敏锐的感觉，能够对他人的行为是否公正做出判断，还能习惯性地判断出谁是掌握权力的人。因此，他们的内心所关注的问题总是：“谁是这里的负责人？”以及“那个人做事公正吗？”

他们常常关注权力和控制，喜欢展示自己的力量和能力，他们似乎充满能量，他们总能感觉自己似乎比现有的更强大。他们处于优势时，常常毫不掩饰自己的王者风范，当处于劣势时，也常常在积蓄力量，等待时机去充分反击。他们霸气十足，有勇有谋，绝对掌控一切，他们的人生信条是：“一切听我的。”

“我对权力和控制特别关注，我讨厌被人束缚，我希望自己得到最大的自由，我希望自己是最强者，所以每到一个地方，我都要确认自己的位置，会不会有人试图控制我，如果有的话，我就会努力让自己不被控制，如果没有的话，那么我就要控制周围的一切，一切必须按照我设想的样子去进行。我和大部分8号性格者一样，我会让自己的影响力发展到最大，我要让自己充满所到的每一个地方，我时常觉得我的影响力可以更大一些。”

他们渴望控制一切的心理具体表现在他们对规则的截然相反的两种态度上，即他们希望同时拥有制定规则和打破规则的权力，这让他们的行为常常两极分化。一方面，他们会以清教徒似的严格要求来规范自己和他人做出正确的行为；另一方面，凡是被禁止的事情，他们可能都会去做。

从心理学的角度来分析，这是因为当8号性格者能够通过掌管权力来控制某个局面，让他人听从他们的指挥时，他们就会感到安全；当他们能够反抗他人制定的行为准则时，他们也会感到自己的强大。

总之，他们渴望控制一切的心理使得他们常常认为“自己就是权威”，自己就是规则的制定者，因此他们对于任何企图规范他们行为的做法，都十分敏感；他们会觉得这些做法很讨厌，并因此产生背叛心理，直到他们不再受到外界干扰。这常常使8号表现得过于强势，容易引起他人的反感，甚至激发冲突。因此，8号也要学会尊重别人，遵从别人所制定的公平公正的规则。

## 遵循自己的感觉和冲动

8号性格者性格直率，常常给人以敢想、敢说、敢做的果敢印象。这是因为他们习惯遵循自己的感觉和冲动。早在童年时代，他们就能够迅速地把自己的冲动变成行动。这是他们的一种生存技巧，让他们能够在思考之前就采取行动。

他们喜欢那种高度投入、充满能量的活动状态，他们做事几乎都是依循自己的冲动进行，而很少去过度考虑自己的动机。正因为如此，8号相对来说是不受约束的，他们能够迅速把大量精力投入到自己的安排的活动中，一旦欲望出现就会很快付出行动。这种超快的行动力，能令健康状态下的8号第一时间抓住发展的最好时机，以最好的状态施展个人的能力，并在行动的过程中进一步提升自己的综合实力和个人影响力。

从心理学的角度来看，他们之所以愿意遵循自己的感觉和冲动，会在一时激动下做出决定，是因为他们讨厌反复思考，模棱两可的压力常常令他们难以承受，且还因为他们缺乏探索每一个选择中潜在危险的耐心，而是喜欢挟着勇气前进，这样才不会因为犹豫而错失良机。

而且，在8号眼里，那些能够让人感到快乐和力量的事情，一定都是正确的事情。比如，我们大多数人在获得身体的愉悦时，都会产生一种自责或内疚的感觉，而8号天生就没有这种感觉，他们觉得满足身体的快感是一件很自然的事情，他们不会因为表达自己的怒火或者性欲而感到尴尬。同样，在感受不到公正和快乐时，遵循感觉和冲动的他们也会毫不隐忍自己的怒火。总之，他们很难控制自己的脾气，很难抵制他人的性诱惑，也很欢拒绝手中的第三个“巨无霸”汉堡。

由此可见，8号和7号一样有“纵欲”的倾向，所不同的是，7号希望借着无止境的追求享乐来避开痛苦，这是一种反向表现恐惧的形态；而8号纵欲的情绪焦点是一种想要完全掌握生命节奏的迫切冲动，即他们想要控制一切的欲望，因此他们总是无惧生活中各种新奇的经验，并乐在其中。他们专注于能让自己感到活跃和快乐的一切，他们可能会拥有许多嗜好，像知性的主球，乃至于“软床、美酒和大餐”。基本上一切能给他们带来生理上和心理上的快感的东西，都是他们所追求的对象。

这些遵循感觉和冲动的心理所引发的纵情享乐，固然可以让8号感觉到实实在在的经验所具有的不可思议的强大力度，也能在一定程度上缓解他们平日的压力，但也可能导致他们因为过于沉迷于兴趣中而自我遗忘，或是极度“我执”，即变得过于强势，从而激发种种的矛盾和冲突。因此，8号需要在遵循自己的感觉和冲动的同时，给自己多一些理性思考的时间，才能有效规避因冲动行事带来灾难。

## 脾气暴躁的8号要克制自己的怒火

8号性格者常常给人以脾气暴躁的印象。他们追求公正，又喜欢遵从自己的感觉和冲动行事，因此他们在面对不公正的待遇时，总是会公开地、毫不控制地表达愤怒。这种表达既让他们骄傲，也给他们带来了痛苦。他们骄傲，因为自己敢于宣言，想说就说；他们痛苦，因为愤怒的表达可能会让他们失去自己的友谊，并因此而感到自责。

但更多的时候，8号很享受这种直接表达愤怒的状态。当他们投入到争论中去时，他们一心只想着要赢，他们会尽可能地表现自己的力量，这可能会导致他人的疏远。但是8号往往不会注意到。当然，这种为了一个目标而全心投入的状态对8号也不是什么坏事。事实上，公开的愤怒对于值得信任的关系来说，往往是必要的。

从心理学的角度来看，生气多是瞬间的生理反应，有利于人们排泄负面情绪，恢复心理的平衡。在8号看来，生气是为了消除自己最害怕的担忧，即落入小人的手里。生气是一种发泄；它让8号觉得自己很强大，很有力量，并享受这种感觉。正如某位8号性格者所说的：

如果他人能够公开表露自己的脾气，我很欢迎。如果他们深藏不露，那才让我感到害怕呢，而许多人恰恰都会这样做。他们表面上和蔼可亲："嗨，你好呀！"实际上内心里已经怒火中烧。这让我感到很不舒服。越是让人害怕的东西，我越是希望能够公开，让大家看看到底是什么。公开的愤怒没什么不好，只要你的表达方式是文明的，我知道没有人会骑到我头上，因为我很厉害。

总之，许多 8 号都表现出脾气暴躁、容易情绪化、做事冲动的特点，他们在遭遇超出自己控制范围的事情时，第一反应通常是咆哮，怒火会遮蔽他们的双眼，看不清方向，也看不到自己的过失，因而变得自以为是、专横霸道。

如果 8 号不懂得克制内心的愤怒，往往容易发展为暴发性人格障碍，其特点为对事物往往做出暴发性反应，稍不如意就火冒三丈，易于暴发愤怒冲动或与此相反的情形；易与他人冲突和争吵，特别在行动受阻或被批评时，等等，极大地阻碍了自身的发展。因此，8 号需要学会克制自己的怒火，更冷静更理性地思考问题。

## 提醒 8 号：正视自己的局限

8 号希望以权威者的形象出现，控制一切，因此他们总是表现出勇敢、独立的样子，深怕一旦自己松懈下来便会被人趁虚而入，窃取自己已经取得的胜利果实或动摇自己的掌控地位，让自己多年来拼搏奋斗建立起来的威望削弱，并因此让自己陷入一种被他人左右的境地中，同时感受到因这份被他人左右的状态而产生的内心屈服于人的负面情绪。这是典型的拒绝承认自身局限的心理。

他们认为向别人示弱，就会受到别人的攻击。为了避免受到伤害，他们只能用强大来掩饰自己的虚弱。为了保持这种威风凛凛和叱咤风云的形象，他们不得不对自己内在的需要加以否认，自我欺骗地不去承认自己的脆弱部分，把脆弱隐藏在心灵的最底层，试图不让别人发现，也不让自己发现。并由此发展成一种自我保护机制：拒绝承认自身的局限。

早在童年时期，8 号就会运用上天赋予他们的任何品质去赢得胜利。一个身材娇小但头脑聪明的孩子，会去指挥他人，或者提供坏点子；一个体格强壮的孩子则会选择暴力，或者用更大的声音压倒对手。弱小的武士在斗争中会不断考虑自己的弱点，还会学会先发制人。也就是说，为了表现得强大，8 号学会了拒绝他们自己的局限性。一旦 8 号的注意力被锁定在斗争之中，他们的思想就只会去考虑对手的弱点，并给予精准打击，往往能获得胜利。

而且，这种拒绝承认自身局限的心理还常常使他们拒绝个人的身体痛苦和情感痛苦。比如，8 号常常会讲述他们如何在踢完高中的足球比赛后，腿上绑着绷带，坚持走回家，一进家门就痛得倒在地上；或是在发现自己被爱人或者亲密的朋友当傻瓜玩弄后，拒绝承认自己曾经付出的感情。这种只关注自身优点、拒绝自身局限的心理容易造成 8 号的自我封闭，甚至使他们变得自大起来。

此时的 8 号就会以自我为中心，很难听从别人的意见，经常认为自己的意见是正确的。如果他们一意孤行出了错，便会采取否认的态度，而不是承认。他们认为自己让步是一种懦夫行为，因而，绝不会允许自己这样做，唯恐自己的坚强被承认错误而削弱。甚至有时候他们还会先发制人，反咬你一口。“不是我的错，而是你。”他们善于运用绝对的气势和陈述的语句将错误转移。坚定的信念不仅让他人觉得“这事不是 8 号的错”，连 8 号自己也相信了，仿佛事实就是这样。

然而，8 号这种否认自身局限的心理，往往使得他们在掩饰自身弱点、维持强悍形象的同时，也失去了自我完善的机会，不利于自身的成长。因为我们每一个人都是通过认识我们的局限来不断改善、不断修正我们的人生计划，因此8号要学会正视自己的局限，并努力克服这些局限。

## 8号人格的交往：不打不相识

### 与8号相处要直截了当

8号总是显得自信而有魄力，但有点类似争论或攻击，但他们对这一点甚至不能自觉。他们的语言显得强势，他们的问题也很尖锐，他们对于等待一个答案很不耐烦，他们显得被人为难，他们似乎也在无心中说出一些伤害性的话语。

他们的言语常常斩钉截铁，富有霸气，他们与人沟通时也不喜欢转弯抹角，什么事情都喜欢拿到桌面上谈，有什么说什么，直截了当。他们经常说“喂，你去帮我把垃圾倒掉”，“我给你说，你明天把那本书给我带过来”，“走，一起去逛街去”，“你怎么还没有帮我做好啊”，“你什么时候能定下来”类似这样的话，显得强势而又干脆。

一些人难以适应8号的直接和强势，甚至会感觉到冒犯。但如果你试着学习8号的沟通风格，简洁直接说出自己的用意和要求，不回避问题或者避重就轻，这样的交流其实也会更加真实和有效率。

李老板是朋友介绍给我的一个客户，听说他为人讲义气，也非常有个人魅力，我猜想他应该是8号性格的老板。

他有一些公司重组的法律难题需要解决，出于朋友的面子，我跟李老板说，在收费方面，我会尽量优惠，并且给他了一个合适的价格。李老板很快告诉我，在收费问题希望再少一些。

我告诉他可以打听一下行情，以及我一直的要价，就这类案子，跟我以前的收费标准比较，已经相当优惠的了。另外我告诉他几年前我代理过的一个公司重组案子。当事人说他认识十名律师，他们代理他这个案子收费不过十万元。而我跟他开价却是三十万，而且一点都不打折扣。问题是，我顺利地帮助他们拟定了良好的方案和风险回避的策略，他们公司重组的计划提前了半年就完成了。

我告诉他，人跟人不能相提并论，报酬也就会有落差。我帮人审查一份小合同，中间只帮人改了两个字，花了我不到二十分钟，我就收了人家八千元。有很多人干苦力，一年挣的钱也才这么多。

李老板听了我的话，认为我够坦诚，也很放心地让我代理这个案子，对我的开价也不再纠缠了。

要和8号和谐相处，你需要明白8号强势的目的是为了掌控一切，而掌控一切的前提是了解真相，因此，你只需要告诉他真相——直接说出你的要求并告诉他理由，就能够赢得他们的信任和支持。

### 不要和8号在气头上争辩

8号特别容易发怒，而且他们发怒的时候常常有些失去理智。他们在发怒的时候，甚至会非常极端，忘记自己在做什么。他们会摔东西，他们会口出脏话，他们会说出一些很过分很有威胁性的话，他们的身体在跳动，他们面目狰狞，他们像一团火焰，要燃烧周围的一切。

面对愤怒的 8 号，我们如果要和他很好的相处，应该尽量保持冷静，不要和他在气头上进行争辩，而要等他们冷静下来，你们的沟通可以更加顺利。

有一个农夫，因为一件小事和邻居争吵起来，争论得面红耳赤，谁也不肯让谁。最后，农夫只好气呼呼地去找智者，因为他是当地最有智慧、最公道的人，他肯定能断定谁是谁非。

"智者，您来帮我们评评理吧！我那邻居简直不可理喻！他竟然……"农夫怒气冲冲，一见到智者就开始了他的抱怨和指责。但当他正要大肆讲述邻居的不是时，被智者打断了。智者说："对不起，正巧我现在有事，麻烦你先回去，明天再说吧。"

第二天一大早，农夫又愤愤不平地来了，不过，显然没有昨天那么生气了。"今天您一定要帮我评个是非对错，那个人简直是……"他又开始数落起邻居的恶劣。智者不快不慢地说："你的怒气还没有消退，等你心平气和后再说吧！正好我昨天的事情还没有办完。"

接下来的几天，农夫没有再来找智者。有一天智者散步时遇到了农夫，他正在地里忙碌着，心情显然平静了许多。智者问道："现在你还需要我来评理吗？"说完，微笑地看着农夫。农夫羞愧地笑了笑，说："我已经心平气和了！现在想来那也不是什么大事，不值得生那么大的气，只是给您添麻烦了。"

智者仍然心平气和地说："这就对了，我不急于和你说这件事情就是想给你思考的时间让你消消气啊！记住，任何时候都不要在气头上说话或行动。"

故事中农夫就具有典型的 8 号性格者特征——易愤怒，但愤怒来得快也去得快。智者也看出了这点，因此才让农夫自己冷静，果然怒火很快就自行消失了。

8号愤怒情绪发生的特点在于短暂，他们的脾气特点是来得快，去得也快。如果在他们气头上和他们争论，只会让你们陷入更加火热的争斗，而等他们“气头”过后，矛盾就较易解决。就像故事中的智者所说的，不要在气头上说话或者行动，面对8号，我们一定要学会给他们一些时间，让他们发泄心中的怒火，这样他们恢复理智的时候，你也就可以更好地和他们交流和沟通了。

## 玩心计，只会让8号嫉恶如仇

8号追求公正，渴望建立一个完全公平公正的生存环境，因此他们十分关注“真相”，认为只有充满真相的世界才是公平公正的。他们总是十分关注他人的隐藏企图，他们想知道对方说的话是不是真的，他们会在敏感问题上有意与对方发生冲突，看看对方在面对压力时是否会改变。

由此可见，8号是九型人格中最讲究一个“真”字的人，只要一个人跟着他们，能够服从、听从他们的意见，并且能够对他们讲真话，他们就会非常友好地对待这个人。但假如有一天他们发现这个人没有讲真话，就会很生气，无法容忍这个人。8号为什么把“真”看得这么重要？因为8号是一个要掌控大局的人，如果你不讲真话，他们就无法了解事情的真相，如果不知道事实，他们就无从控制。

在8号看来，敌人并不可怕，敌人可以让他们充满斗志，但是他们害怕欺骗和背叛。因为8号在敌人面前是强劲的对手，但是在自己人面前尽展温柔，也就是通常说的“铁骨柔情”。也就是说，他们对于自己人表示依赖和友好就是让自己人分享他们的脆弱，他们会在自己人面前暴露软弱的一面。对于他们来讲，外来的力量可以对抗，自己人的欺骗和背叛对他们才是致命的打击，所以 8 号会要求自己身边的人用坦诚的方法来表现他们的忠诚，欺骗就代表着不忠诚。如果一个人在 8 号面前玩弄权谋、操纵他们、说谎，都会引发 8 号的怒火和报复。

曾巩是宋朝的一位大诗人。有一次神宗皇帝召见曾巩，并问他，“你与王安石是布衣之交，王安石这个人到底怎么样呢？”

曾巩不因为自己与王安石多年的交情而随意抬高他，而是很客观直率地回答说：“王安石的文章和行为确实不在汉代著名文学家杨雄之下；不过，他为人过吝，终比不上杨雄。”

宋神宗听了这番话，感到很惊异，又问道：“你和王安石是好朋友，为什么这样说他呢？据我所知，王安石为人轻视富贵，你怎么说是吝呢？”

曾巩回答说：“虽然我们是朋友，但朋友并不等于没有毛病。王安石勇于作为，而吝于改过。我所说的吝乃是指他不善于接受别人的批评意见而改正自己的错误，并不是说他贪惜财富啊！”

宋神宗听后称赞道：“此乃公允之论。”也更钦佩曾巩为人正直，敢于批评。

在古代，皇帝是“公正”、“权威”的象征，在皇帝面前说假话、玩心计，会被视作“欺君之罪”，遭到严厉的惩罚。曾巩在代表“公正”的宋神宗面前不玩心计，敢讲真话，不仅没有损害好友王安石的发展，也帮助自己赢得了权威者的信任。

生活中，许多追求公正的 8 号都渴望像古代的皇帝一样做个控制一切的权威者，他们尤其看重身边人的真诚，对于那些有问题不及时汇报，而在背后做小动作的人绝对会给予严厉的报复。因此，人们在与公正的8号相处时，千万不要要什么心眼，以免为自己招来8号的怒火和攻击。

## 不打不相识，冲突也是一种沟通

渴望控制一切的8号随时准备战斗，他们不放过每一次斗争的机会，他们到处都有对手，街上的水果店主、开的士的司机、自己的配偶或子女，等等，都是很好的斗争对象。这是因为8号人物斗争或冲突也是一种积极的接触方式。所谓“不打不相识”，一场痛快的斗争能够让他们对他人的真实意图更加了解，让他们对双方的关系更加自信。而且，在斗争的过程中，彼此也会产生一种亲密感，可能打着打着就变成了朋友，甚至陷入爱河。

比如，中国古典小说《水浒全传》中的李逵和张顺就是“不打不相识”的典型。

宋江因触犯法律被发配到江州，不曾想遇到了早就想结识他的戴宗。于是两个人一起进城，在一家酒店里喝酒。才喝了两三杯，就又碰到了李逵，于是三人便到江边的琵琶亭酒馆去喝酒。

吃饭的时候，宋江嫌送来的鱼汤不好喝，于是叫酒保去做几碗新鲜鱼烧的汤来醒酒。正好酒馆里没有新鲜鱼，于是李逵跳起来说：“我去渔船上讨两尾来与哥哥吃！”戴宗怕他惹事，想叫酒保去取，但李逵执意一定要自己去。

李逵走到江边，对着渔人喝道：“你们船上活鱼拿两条给我。”一个渔人说：“渔主人不来，我们不敢开舱。”李逵见渔人不拿鱼，便跳上一只船，顺手把竹篙一拔。没想到竹篙是没有底的，只用它来拦鱼，他这一拔，就让鱼全跑了。李逵一连放跑了好几条船上的鱼，这便惹怒了几十个打鱼人。

大家七手八脚地拿竹篙来打李逵。李逵大怒，和众人打得火热。正在这时，绰号“浪里百条”的渔主人张顺来了。张顺见李逵无理取闹，便与他交起手来。两人从船上打到江岸，又从江岸打到江里。张顺水性极好，李逵不是他的对手。他便将李逵按在水里，李逵被呛得晕头转向，连声叫苦。

这时候戴宗跑过来，对张顺喊道：“足下先救了我这位兄弟，快上来见见宋江！”原来，张顺认得戴宗，平时又景仰宋江的大名，只是不曾拜识。

听戴宗一喊，张顺急忙把李逵托上水面，游到江边，向宋江施礼。戴宗向张顺介绍说：“这位是俺弟兄，名叫李逵。”

张顺道：“原来是李大哥，只是不曾相识！”李逵生气地说：“你呛得我好苦呀！”张顺笑道：“你也打得我好苦呀！”说完，两个哈哈大笑。戴宗说：“你们两个今天可做好兄弟了。常言说，不打一场不会相识。”几个人听了，都笑了起来。

故事中的李逵就表现出典型的 8 号性格者特征——性情暴躁，不惧冲突。因为他们发现别人不会主动跟从自己，而他们又希冀支配他人，于是开始主动采取重压和斗争的办法，要试图让对手屈服，他们态度强硬，是强硬的对手。而敢于和他冲突张顺凭借自身的好水性将其制服，最终赢得了李逵的信服，成就了“不打不相识”的佳话。

总之，8 号是硬派人物，他们不喜欢懦弱的人。他们认为任何事都可“摆上台面”讲清楚，如果明明有事却碍于人际关系，互相隐瞒、互相包庇而不公开解决，这有违8号追求公平公正以及真相的原则，反而容易激发他们的怒火。因此，人们在与8号相处时，要无惧8号的暴躁，和他据理力争。

# 第九篇
## 解密 9 号人格：存在即合理

9 号调停者性格温和，也喜欢营造和谐的气氛。他们擅长交际，善于了解每个人的观点，却不喜欢表明自己鲜明的立场，而是听取正反两方面的意见，在两种意见之间犹豫不决，难以决断，以避免和他人发生冲突。这往往使得他们忽略了自己内心的真正需求，给人以没有主见的印象。他们的宣言是：每个人的想法都有其合理性，我该选择谁呢？

# 9号人格的爱情：爱是一种态度

## 为9号伴侣营造一个平和的氛围

9号性格者追求和谐的关系，避免与别人发生冲突。在恋爱中，他们对于那些波折重重、可歌可泣、轰轰烈烈的爱情往往敬而远之，取而代之的是持久、安稳、细水长流的亲密关系。他们不期望两人之间发生什么生离死别的经历以证明情比金坚（相反4号性格者却常常堕入这种幻想的境地中），只要无风无浪、平平淡淡地共对下去，他们已感到精神上相当满足。

追求一种平衡、稳定的相处状态的9号很少主动说一些甜言蜜语的话来讨好对方，也不会刻意地制造一些生活中的惊喜来感动对方，他们对爱人刻意安排的惊喜也不会有太大的反应。而且，9号人平日里最喜欢做的事情就是能够懒洋洋地在家里“待着”或者睡觉，最多看看电视、光碟，他们喜欢一种被动的、平淡的休息状态。然而，并不是所有人都能像9号一样懂得享受这种平淡的生活，因而许多时候9号的伴侣都会觉得生活缺少激情，容易陷入心理抑郁之中。

为了避免在平淡如水的感情生活中走向抑郁，9号的伴侣需要理解和欣赏9号注重平衡生活状态的内心需求，不要总是用物质的方式来讨他们的欢心，因为他们不会为此而表现得欣喜若狂，反而可能认为你是一个不懂得细水长流的人。也就是说，要想为9号营造一个快乐的生活环境，伴侣不需要太铺张或者费尽心思地去制造浪漫或惊喜，只要能够有更多的时间陪伴他，与他一起做一些平静的休闲活动，甚至就是陪他一起休息，如看看电影、在家做一顿简单的晚餐并一起享受这种平静与温馨就足够了。

尤其是在9号不开心的时候，伴侣更需要为他们营造一个平静温馨的氛围，以鼓励他们表达出内心的感受。而且，当他们开始倾诉的时候，切忌不要马上给出各种建议和分析的方案，因为这些只会让他们感受到压力而有可能为了回避压力停止表达。伴侣要耐住性子多以聆听、微笑、眼神的交流以及点头的方式来给他传递一种你在认真地聆听，并能够理解他们内心的感受，让他们觉得自己处在被你关爱、呵护的安全环境里，并能够继续宣泄情绪。当9号宣泄了内心那些不愉快的情绪，就远离了心理抑郁，更积极地营造平静温馨的感情生活。

## 让9号把内心感受表达出来

9号性格者认为，要达到和谐无冲突的状态，只能有一个观点存在，因此他们总是以别人的追求和需要为先，先天地遗忘自己的追求和需要，特别是和喜爱的人共处时。也就是说，他们将自己代进别人的世界中，借由同情心的发挥，间接地成全自己的期许。在爱情中也是如此，他们愿意为心爱的人做出牺牲，以爱人的期待为自己的期待，以爱人的幸福为自己的幸福，也以爱人的痛苦为自己的痛苦，并无人我的区别。这种浑然为一的融合，将会渗透到细微的生活小节中。比如，当9号和伴侣去购物时，他们也不喜欢自作主张，他们总是自己不说，而希望获得伴侣的建议，好让伴侣的主张替代自己的主张。然而他们越是不爱表达己见，越会堕入自尊心低落的恶性循环里。

过分地放弃自我认同，或许可以避免一些相处上的冲突，然而亦不是每个人都会欣赏一位欠缺个性的伴侣。他们过分压抑内心的情绪，往往让爱人感受不到他们的需要，甚至可能让他们慢慢地被爱人忽略掉，这时候就触动了他们内心害怕被身边人忽略的深层恐惧，他们会因此彻底爆发情绪。

此外，9 号的不表态作风其实也是一种不负责任的表现，它等于将很多担子和责任都转嫁到伴侣的身上，自己却逃得远远的袖手旁观，他们这种变相抽离的态度，和 5 号性格者相似。而与 5 号不同的是，9 号认为自己没有能力和才智去解决事情、承担重任，故此会更显得乏力和退缩。此外，他们自以为在两人相处期间已经抹煞了自我，一切都对伴侣言听计从，如有问题产生，理应与自己无关，并且会反过来埋怨伴侣要为各种问题承担责任。

为了避免自己陷入内疚的困境，9 号的伴侣不仅要懂得感激 9 号为了支持爱人所做出的牺牲，还要鼓励 9 号勇敢地表达内心的感受和需要，并支持他们去做自己喜欢的事情，哪怕这些事情是你不喜欢的，也不要批评或给他们任何建议，因为这些意见都会被 9 号认为是你的观点，然后他们会再次为了双方的和谐而听从于你。这并不是你真正想要的局面，所以发自内心地尊重 9 号人格伴侣的选择和行动，给予他们绝对的支持和鼓励，与他们一起享受实现梦想的快乐，这是表达你的理解和关爱的最好方式。如果你能鼓励他们勇敢地面对问题，然后以支持、理解的态度与他们并肩分析各种情况，陪伴他们面对问题，这样才会让 9 号人格伴侣感受到安全，并且你不抛弃、不放弃的态度和行为也会让他们感受到爱给自己带来的力量，并因此激发他们内在的动力，推动他们采取行动解决问题，获得彼此和谐与融洽的关系。

## 帮助 9 号做出轻重缓急的排序

9 号性格者的内心往往是失序的，他们很难对事情做出轻重缓急的排序，从而导致他们在生活中经常处于一种没有重点、松散混乱的境地。这是因为 9 号习惯只关注他人需求、不关注自我情感，从而导致了自我迷失。这种心理的发展根源可追溯至 9 号的童年时期，他们都在孩提时代有过孤立无援的经历，认为谁也不重视自己，自己的要求微不足道，因而有意识地回避并逐渐淡忘自身真正的需要。然而，一旦忘却自己的需求，就陷入了自我迷失中，自我迷失则意味着内心的失序，难以进行富有逻辑性的思考。

9 号内心的失序主要表现在他们难以对事情做出轻重缓急的判断上——即便有些事必须马上做，他们也会先去做一些无关紧要的事。换句话说，在面对多个任务时，他们往往不是完成最紧要的任务，而是可能开始了一个任务，再进行另一个任务，完全忘记了第一个工作任务还需要自己的投入，然后又会开始第三个任务。总之，9 号总是卡在必须做的事情及无法决定去追求众多个优先目标中的哪一个，他们无法激励自己去选择，并依照所选择的去行动。很多时候，9 号都搞不清楚自己想要什么，他们对每件事情都很在意，但是他们很难找到正确的起点，他们无法区分关键问题和背后的芜杂。当然，这并不意味着 9 号真的不知道自己要什么，而是因为他们想要的太多了，他们只得去平衡，然而平衡的最后结果就是主次不清了。这时，9 号往往感到力不从心，他们不是选择迎难而上，而是选择逃避，做一些无关紧要的事来麻醉自己，比如出去散步、跑步、逛街、看电视、吃零食、购物，等等。

情感生活本身就是复杂多变的，如果9号用失序的内心想要理清情感这团乱麻，结果只能是越理越乱。相反，如果他们能够保持清醒的头脑，培养良好的系统思维能力，就能理清情感这团乱麻，和伴侣建立和谐的情感关系。

而作为9号的伴侣，需要帮助他们改变内心失序的心理状态，帮助他们为真正重要的事情列一份清单，并慢慢让9号养成新的习惯，根据事情的重要性来采取行动。如果可能的话，和他们一起执行计划会有助于习惯的养成。一旦9号偏离了重心，身边的人应该提醒他们什么才是重要的事情，但不要严加指责，只要让他们重新开始就好了。

总之，伴侣要想帮助9号做出轻重缓急的排序，一定要以没有任何压力的语气帮助他们澄清内心的需要，以与他们一起分析并排除他们不喜欢的事情的方法来筛选他们真正喜欢或需要的事物，并最后做出真正满足他们需要的选择。

### 积极行动，应对倦怠

9号有倦怠的习惯，他们还常常拖延，但是9号性格者的倦怠并不是那种骨子里的懒惰，他们的拖延也不是有心的拖延。他们本来可以做很多事情，但他们总是因为那些不必要的琐事而分心，他们常常忽略了最应该做的正确事情。其根源正在于9号把自己的真实愿望压抑了下来，他做的事情不是他的本意，他总是在妥协，但是又为自己的妥协愤怒，于是他们便采取这种懒惰和拖延的方法来反抗自己的压迫。

在这种倦怠心理的影响下，9号很少关注自己的内在情感，因此他们的情感常常是模糊的，即便他们偶尔感受到自己的内心情感，他们也不敢大胆表达出来，感觉他们总是在逃避关键的东西，在无关的东西上浪费时间，不敢直接进入主题，或者表明自己的态度。因为他们的拖拉，他们常常丧失追求理想爱人的机会，还可能影响别人的幸福。

一天，一个女子造访一位著名的哲学家。她说："让我做你的妻子吧。错过我，你再也找不到比我更爱你的女人了！"

哲学家很中意她，但仍回答说："让我考虑考虑！"事后，哲学家用他一贯研究学问的精神，将结婚和不结婚的好与坏分别列出，才发现，好坏均等，真不知该如何抉择。于是，他陷入长期苦恼中，无论他找出什么新的理由，都只是徒增选择的困难。最后，他得出一个结论：人若在面临选择而无法取舍时，应选择自己未经历过的那一个，不结婚的处境我是清楚的，但结婚会是个怎样的情况，我还不知道。对！我该答应那个女子的请求。

哲学家来到那个女子的家中，对她的父亲说："你的女儿呢？请你告诉她，我决定娶她为妻！"女子的父亲冷漠地回答："你来晚了 10 年，我女儿现在已经是 3 个孩子的妈妈了。"

哲学家听了几乎崩溃，抑郁成疾。临死前，将自己所有的著作丢入火堆，只剩下一段对人生的注解：如果将人生一分为二：前半段的人生哲学是"不犹豫"，后半段的人生哲学是"不后悔"。

"车到山前必有路，船到桥头自然直"，这是中国古代的谚语，9 号却把这句话当成了"护身符"和"挡箭牌"，在感情生活中是能拖则拖，消极等待，拖泥带水，不采取积极行动，亮明自己的态度，做出抉择。这样的爱情态度，留给他们的只能是一次又一次的失望，最终抑郁地死去。

作为 9 号的伴侣，在面对他们的拖延与倦怠、怯于表达情感时，不仅要主动向他们表达自己的爱意，给予他们足够的关怀，还要注意引导他们关注内心的情感，从内心深处去调动积极性，勇敢表达自己的爱意，才能真正享受到和谐、宁静、甜蜜的爱情。

## 9号人格的职场：明确目标，自信前行

### 为9号员工设定工作目标

9号员工的缺点是目标性差，也不善于将目标分解，设定阶段性目标，所以他们的注意力常常被不重要的事情打乱，甚至完全忘记自己的目标。

因此，在安排他们工作的时候，一定要帮助他们设定工作目标。你可以告诉他们工作的任务要求，他们所承担的工作对整个项目的意义，他们的责任具体是什么，在做工作的过程中，什么东西是重要的，什么是次要的，并且指导他们思考具体的流程应该是什么，各阶段的时间把握应该怎样，这样的话，就可以帮助他们认清自己的大目标，以及各阶段的小目标。在目标清楚之后，他们的行动常常很有效率。

关于帮助员工设定工作目标，可以参考学习惠普公司的目标管理法。

1969年，惠普公司创始人之一大卫·帕卡德，受美国国防部长的邀请，离开工作30年之久的惠普公司，出任美国国防部副部长。

三年的国防部工作，使大卫·帕卡德对管理有了更深刻的理解和认识。

大卫·帕卡德指出："管理不仅仅是一种权威，而且更重要的是一种沟通，一种让被管理者真心接受管理的理。"

"有一种军队式的组织方式，即最高层负责人发出命令，然后一直传达到最低一层的人，直到叫他们做什么就做什么，不准提问，也不要说明原因。我们惠普公司过去和现在都不希望这样做。"

"我们认为，要实现我们的目标，必须得到人们的理解和支持，允许他们在致力于实现共同目标中有灵活性，帮助公司确定最适于其运作和组织的方式。"

在大卫·帕卡德的目标管理思想下，惠普形成了自己独到的目标管理法，惠普"目标管理法"的流程和注意事项如下：

首先是设定目标，目标是根据岗位职责和公司整体目标，由主管经理和当事者一起讨论确定的。

其次，要自己动手制订工作计划，最重要的内容是对终极目标进行阶段性分解，并提出达成各阶段目标的策略和方法。主管者只是当事者制订工作计划的指导者和讨论对象，而不会越俎代庖。

第三，定期进行"进展总结"，由主管经理、当事者和业务团队一起，分析现状与目标的差距，找到弥补差距、达到目标的具体措施。

最后，在任务截止期，进行总体性的绩效评估，没有完成要检讨原因；如果完成效果超出预期，或是达成了当初看上去难以完成的目标，则要分析成功的原因，并与团队分享经验。

如果你能像惠普公司的目标管理这样，不断给9号谈论目标，帮助他们设定目标，那么9号将成为很好的一名员工，他们的目标专一了，他们的效率自然也就提升了。

## 帮助9号员工说“不行”

9号习惯于认同他人，他们自己的想法比较模糊，而且即使有自己的想法，可能也会选择妥协。他们是如此的不懂拒绝，也没有勇气去拒绝别人，这样他们只能活在别人的意志里，由此9号常常会因为这一点而不断陷入困境。

如果万事都不知拒绝，9号的生活将时常被他人左右，没有自己的时间和空间，渐渐地也会失去自己的主见。他会答应别人自己很难办到的事，比如借给其他人自己不想借的东西，比如在自己很忙或很累的时候去帮别人做无足轻重的小事，这样的话，他们自己的想法就一次次被压制，就不是为自己而活，变得失去自我，就会形成一种病态的性格。

如果万事都不知拒绝，9号将会受到别人的欺负，承受不必要的委屈。他们老是一味退让，很多该说“不”的时候总是难说出口，即使在自己利益受到侵害的时候，他们还是忍在心里。因为他们这种懦弱的性格，别人常常会得寸进尺，甚至会进一步的向他索取，其实他们不知道，只要自己斩钉截铁地拒绝别人的无理要求，大声说一声“不行！”，那么很多委屈是没有必要去承受的。

在风沙弥漫的大沙漠，骆驼在四处寻找能避风休息的地方。可是方圆几里根本就不见人烟，它差不多走了两个小时，终于找到了一顶帐篷，可是，帐篷是别人的。

最初，骆驼哀求说：“好心人，我的头都被冻僵了，让我把头伸进来暖和暖和吧！”这个人可怜它，就答应了。

过了一阵子，骆驼又说：“好心人，我的肩膀都冻麻了，让我再进来一点吧！”这个人可怜它，又答应了。

接着，骆驼不断地提出要求，想把整个身体都放进来。这个好心人有点犹豫了，一方面，他害怕骆驼粗大的鼻孔；另一方面，外面的风沙那么大，他好像也需要这样一位伙伴和他共同抵御风寒和危险。于是，他有些无可奈何地背转身去，给骆驼腾出更多的位子。

等到骆驼完全恢复精神并且可以掌握帐篷的控制权的时候，它很不耐烦地说：“好心人，这顶帐篷如此狭小，以至连我转身都很困难，你就给我出去吧！”

9号员工在工作环境中，就像文中的“好心人”一样，常常不善于对别人说“不”。他们认为说“不”会让别人没有面子，别人有可能不高兴，甚至引发冲突，所以他们很可能会受到不必要的干扰，被其他员工什么的，强加给一些不必要的工作，让他们深受其累，甚至会影响自己的正常工作。

作为9号员工的领导，如果能认识到他们的这一特点，主动帮他们排除一些干扰，那么9号下属会深深地感激你，觉得你在关心他们，他们会更加用心地工作，来回报你对他们的特殊照顾。

## 帮助9号追求和谐，他会视你为知己

在9号看来，世界上的事物都是互相联系、互为因果的，我们谁也不可能孤立存在，更不可能孤立干成一件事。人与人之间天生存在着一种合作关系，个人利益是在普遍利益得到保障的前提下实现的。因而在9号的眼中，人与人并不一定非要拼个你死我活才行，曲直高低也不一定非要分得清清楚楚，莫不如用一颗互相关怀、互相包容的心对待彼此，那么所有人都会从中受益。

曾经有一个戏剧爱好者，他不顾亲朋的反对，毅然选择一处并不热闹的地区，修建了一所超水准的剧院。

剧院开幕之后，非常受欢迎，并带动了周围的商机。附近的餐馆一家接一家地开设，百货商店和咖啡厅也纷纷跟进。没有几年，剧院所在的地区便成为商业繁荣地带。

“看看我们的邻居，一小块地，盖栋楼就能出租那么多的钱，而你用这么大的地，却只有一点剧院收入，岂不是吃大亏了吗？”那人的妻子对丈夫抱怨。“我们何不将剧院改建为商业大厦，也做餐饮百货，分租出去，单单租金就比剧场的收入多几倍！”

那人也十分羡慕别人的收益，便将自己的剧院结束，贷得巨款，改建商业大楼。不料楼还没有竣工，邻近的餐饮百货店便纷纷迁走，更可怕的是房价下跌，往日的繁华又不见了。而当他与邻居相遇时，人们非但不像以前那样对他热情奉承，反而是对他露出敌视的眼光。

上边两败俱伤的情景是 9 号最不愿意看到的，因而 9 号领导在工作中，常常喜欢和周围的人建立和谐的关系，他们希望自己的机构内外和谐，他们日常工作，很重要的一部分就是去营造这种融洽的气氛，他们不仅希望自己与他人和谐，也希望周围的人都能保持这种和谐。

你如果要得到他的认可，他的这一特点你一定要认识到，在平时与人的交往中，要讲究礼节，保持和蔼可亲的态度，不要过度表现自己的强势和硬朗，与人为善，帮助他营造这样的一个和谐环境。在部门内部如此，部门外部也是如此，如果你经常惹出一些麻烦，9 号领导会很头疼，他们会感觉为难，而且这样的事情，在他看来都会分散他的精力，他会很反感，长久下去，对你的印象分就会下降。

帮助 9 号领导追求和谐，他会把你当作是同志，是知己，你也会因为这一点赢得他更深的信赖。

## 多赞美你的9号老板

9号领导常常考虑外部的和谐，把自己的地位看得较低，为此他们的内心其实是缺乏的，他们太多认同外在，而太少关心自己。他们的内心非常需要别人的赞美和认同，如果你能时时给他们赞美和认同，则他们会很高兴和你交往的，这样也会为你自己带来更多机遇。

很多有成就的人就深谙赞美和认同的技巧，他们知道赞美和认同是人内心深处的普遍需要，你要赞美你的9号老板，就要向洛克菲勒好好学学。

约翰·洛克菲勒在人际交往中善于运用真诚赞美他人，以此维系良好的人际关系。

一次，洛克菲勒的一个合伙人爱德华·贝德福特，在南美的一次生意中，使公司损失了100万美元。然后，贝德福特丧气地回来见洛克菲勒。

洛克菲勒本可以指责他的过失，但是他并没有那样做，他知道贝德福特已经尽力了，更何况事情已经发生了，不能因此而把贝德福特的功劳全部抹杀。

于是他另外寻找一些话题来称赞贝德福特，他把贝德福特叫到自己的办公室，对他说："这太好了，你不仅节省了60%的投资金融，而且也为我们敲了一个警钟。我们一直都努力，并且取得了几乎所有的成功，还没有尝到失败的滋味。这样也好，我们可以更好地发现自己的错误和缺点，争取更大的胜利。更何况，我们也并不能总是处在事业的巅峰时期。”

几句话，说得贝德福特心里暖呼呼的，并下决心准备东山再起。看来，赞美的确是人人都愿领受的礼物。

赞美意味着对一个人价值的认同，这种肯定是一种向上的力量，就像文中的贝德福特一样，尽管事情进行的并不顺利，但是得到洛克菲勒的赞扬和认同后，他的斗志很快就被激发出来了。

赞美和认同的事件可以很小，比如说赞美他写的字漂亮，他的发型精神，他的衣服时尚和有品位，也可以说他的工作有远见，他处理下属关系时的合理，他对员工的优点很了解，这些赞美和认同都能给他带去很多内心的力量。

那么，时时赞美和认同 9 号老板吧，你的赞美和认同是你们之间关系的润滑剂，可以让你们的感情更加融洽。

## 9 号人格的性格：命里有时终须有，命里无时不强求

### 9 号，求同存异的专家

9 号性格者追求和谐，他们是九型人格中的和平主义者。他们关注自我存在的状态，强调以享受“休闲、安逸、和谐”的状态为自己的内心追求。因此，9 号人格非常惧怕环境中充斥“纷争、麻烦、压力”因素。为了避免自己的生活中出现以上负面因素，他们往往会要求自己以顺从的态度和接受的方式面对环境中的人、事、物，

刻意不让自己表达任何意见或内心需求，以避免自己成为和谐环境中的不和谐因素。总结而言，9 号的一切行为的动机都是为了构建并维持一个和谐稳定的环境，以顺从他人及环境、忽略自我的方式避免遭遇冲突纷扰。

他们具有很强的同理心，他们的内心深入他人内心深处，知道他人的心情，他们清楚他人渴求什么，也了解他人恐惧什么，他们可以迅速找到不同事物的共同点，他们是求同存异的专家，纷争常常被他们化解于无形之中。

他们的态度诚恳，他们在需要讲话的场合，常常比其他类型更加直率，他们不怀恶意，他们不为自己，他们只求周围的世界真正和谐。

他们害怕经历冲突或面对环境中的不和谐，不单是他们自己不愿与人发生争执，即便看到他人之间发生争执，他们也会紧张难受，但他们又不擅长以言语方式劝慰双方“和为贵”。然而他们表现出的“被侮辱与被损害者”的形象，倒能让争执双方感觉各自的言行伤害了 9 号，从而感觉不好意思，停止争执。他们不显山露水，他们也许会被你忽略，但是和平现状的背后，常常有他们忙碌的身影，他们的世界很精彩，他们是有力的和平缔造者。

然而，9 号平易近人的态度和顺从的特质，也容易使他们被人忽略，给人一种经常融化在环境中的透明感，因为他们大多数时候都是安静地待在一旁。另外，9 号不善言辞的特质，让他们一方面很难表达自己内心的想法或要求，另一方面也尽量避免与他人发生对立。即便真的反对他人的意见并勇敢提出不同看法的时候，也很难被他人重视，因为他们的言语太平和，无法给人一种强调或要求被重视的感觉。因此，9 号也要适时表达自己的观点和看法，避免因过于“隐身”造成内心价值观的混乱。

## 远离倦怠，不为习性所限

为了避免自己和外在的世界发生冲突，9号性格者习惯顺从他人的观点，即他们总是在配合别人，成全别人，并以此来忘记自身的能量和注意力。而让9号性格者忘记自己最容易的方法，就是把他们的注意力转移到一个能够让人上瘾的习性上。这种上瘾的习性既可以是酗酒，也可以是喜欢看肥皂剧，或者其他一些生活中小小满足感。一旦养成了这样的习性，9号的思维就会被这种习性所局限，他们就会忘记生命中真正宝贵和重要的东西。

也就是说，每天忙着认同环境、认同别人的9号根本没有时间从真正的需要来关注自身的能量和注意力，也就没有发展自己的天性，即缺乏自我认同感。缺乏了自我认同感，9号就变得十分倦怠，他们没有活力，做事不会太激进，总给人一种“慢半拍”的感觉，抱着“多做多错、少做少错、不做不错”的想法，凡事不急，多一事不如少一事，拖沓至极，常常把别人气得火冒三中，但他们依然在旁边悠然自得，丝毫不为所动。

需要注意的是，9号的倦怠并不一定是指他们工作时没精打采，早晨不能按时起床以及身体方面的不适等，而是指工作虽然都做了，但缺乏寻找好的办法、集中精力、提高效率等努力。也就是说，他们看上去工作很用心，其实大多只使用了最低限度的能量和精力，不是按照意志，而是按照惯性在做事。

从心理学的角度来看，9号这种倦怠的习性是典型的自我麻醉的心理。他们之所以自我麻醉，多与他们童年时期的经历有关：他们的观点很少被大人采纳，别人的需要总是比他们的需要更重要。

在这种被其他人忽视的环境里生活，9 号性格者被迫要麻醉自己，分散自己的经历，让大脑把自己忘记，让注意力从真实的愿望上转移出来，这样他们就不会再因自我愿望得不到实现而痛苦了。总之，这种自我麻醉的心理使得 9 号避开了外在的冲突，生活在自以为满足及自得其乐之中，所以他们不积极也不想察觉任何需要和感受。尽管生命中没有跃动，但他们却非常满意。如果你要他们放弃这些做法，他们会采取强烈的保护措施。

然而，逃避自我的需求并不意味着自我的需求并不存在，也就是说 9 号自我的需求与现实的冲突一直都存在着，只有他们开始关注自我的需求，并懂得顺应现实条件的变化去努力满足自我的需求，才能化解冲突，消除痛苦，也能消除倦怠的习性。

## 别指望 9 号为你拿主意

害怕冲突的 9 号性格者是非常没有决断力的，他们以犹豫不决著称，遇到棘手的状况时，很少愿意花精神去思考，也不想操心担忧，总是安慰自己："算了吧！别再为这事烦恼了！"总之，他们将自己置于"安全范围内"，什么也不去改变，以维护自己内心的平静。如果你有问题要请他们帮忙解决，你千万别指望他们会为你拿主意，可能他们会比你更快地情绪崩溃。

从心理学的角度来看，9 号这种害怕决断的心理主要是因为他们不喜欢关注自己的内心需求，正如 9 号性格者自己常说的："我感觉不到我自己，因为我的注意力总是在关注是否应该同意他人的观点，而不是在寻找自己的立场。"选择自己的立场会让 9 号忧心忡忡，他们既担心因此疏远了他人，而遭到抛弃，又担心要顺从他人的意愿，被他人控制。因此，在"顺从与反抗"的问题上，9 号认为解决这种困境的办法就是两者都不选。他们倾向于静坐在两种选择的中间，既不斗争，也不逃避，也不会采取直接行动去影响决定。

在面对选择时，9号往往表现出强烈的摇摆不定的心理，他们总是在“Yes”和“No”之间徘徊。他们看上去似乎是同意的，因为他们没有直接说“不”，但是他们的内心实际上还是没有决定。宣布说“不”意味着要选取一个立场，但是9号能够看到问题的各个方面，所以他们无法选择。他们可能看上去是同意的，但实际上是在等待着看他人是怎么解决这个问题的。“我想知道他们是怎么选择自己的立场的？”这个时候，9号只会选择作壁上观。不必担心时间，明天多得是呢。因为缺少强烈的动机，他们觉得没必要强迫自己做出决定。

从九型人格图上来看，调停者位于中心三角形的顶端，这个位置最能清楚地解释他们的观点。9号性格的一只脚站在形象和顺从上（3号性格），另一只脚站在反抗权威上（6号性格），所以9号性格本身就是被置于“既想同意，又想不同意”的矛盾冲突中。9号性格的右翼性格是1号，这是“九型人格”中的好孩子，9号性格的左翼性格是8号，这是“九型人格”中的坏孩子，这说明9号既想做正确的事情，又想去反对和破坏规则。

然而，9号不可能永远依赖他人生活，也不可能永远不做选择，与其在面对选择时陷入摇摆不定的痛苦，不如关注自己内心的需求，勇敢表达自己的观点，就能做出最有益于自己的选择。

## 顺其自然，等待是9号的写照

9号性格者是宿命论的忠实信徒，他们喜欢听天由命，信奉“命里有时终须有，命里无时莫强求”。也就是说，他们喜欢顺其自然，而他们所谓的顺其自然是指当问题当下解决不了的时候，等待就是最好的方式，随着时间的推移，一切问题都会自然而然地解决。抱着这样的想法生活，9 号就常常给人以无所事事的印象。

然而，长时间的无所事事，在为 9 号带来平和、宁静生活的同时，也为他们带来了空虚和抑郁的心理状态。这是因为 9 号通过遏制身体的能量来让自己保持平衡，这种遏制让他们总是有足够能量去从事那些无关紧要的事情，却把最重要的事情放在了最后。他们常常把自己与那些已知的、熟悉的行动拴在一起，忙碌的状态让 9 号没有时间感到空虚和抑郁，因为他们没有时间去设定期望，或者发现自己的优先需求，但这却并没有消除内心的空虚和抑郁，它们只是被掩盖了。

有一个 9 号性格者曾描述过自己的一段生活状态：

我是一个很懒散的人，平时的生活中信奉“能坐着绝不站着，能躺着绝不坐着”的原则。我也不喜欢主动和人接触，周末时很少约朋友聚会，大多是在家里睡觉，或是自己一个人看电视、发呆，我很享受这样平静的生活。但在我生病调养身体的那一年里，我却在这种平静的生活中走向了抑郁。尽管那段时间里我不用对任何人负责，我什么时候想休息都可以，我会去散步，觉得自己处于完全的自由状态。但当我最终意识到我是在抑郁中生活时，我感觉如果我还找不到生命中应该做的事情，那我肯定要死了。我感觉如果我停下来，我就再也动不了了。我愿意做任何事情，去避免那种没有能量、没有希望的状态。

9 号的这种心理状态类似于物理学的惯性定理：处于静止状态的物体会倾向于保持静止状态，而处于运动状态的物体会倾向于保持运动状态。反映在人的身上就是：处于休息状态的身体，倾向于保持休息状态。正是这种倾向让9号出现了“抑郁症”，他们什么也不想说，什么也不想做，生命中的一切行动好像都停止了，只剩下起居室的沙发上，一个懒散、抑郁的形象。

当9号陷入这种无所事事的状态时，他们需要来自外界的帮助。一段新的感情、一个新的机会或者一个清楚的计划安排都能帮他们重新发动起来。从心理学的角度来说，一旦身体的能量被转移到某件具体的行动中，9号就会走出抑郁，但他们可能还是无法看到自己真正的需求，因此需要来自外界的帮助。而要想真正摆脱抑郁的心理状态，9号需要紧密地观察自己，直到发现自己真正的优先需求，并及时给予满足。

## 9号人格的交往：表面顺从，内心刚硬

### 与9号交往，多采取合作的态度

9号性格者不喜欢冲突，他们总是尽力避免冲突，他们甚至可以采取牺牲自己的一些利益来换取和平，但是一旦冲突真正发生了，真的不可避免了，他们往往也会采取敌对的态度，让你们的沟通无法正常进行下去。

9号对于不合作的态度特别敏感，因此和他们交往的时候，要懂得采取合作的态度。合作的态度是人际沟通的一项重要前提，卡耐基先生就曾讲过下边这样一个故事，说明合作态度的重要性。

在离我家一分钟行程的地方，是片未开发的原始森林。春天的时候，黑草莓的小树丛会镶上一层白霜，小松鼠也开始筑巢养育下一代。这片还没遭到破坏的树林叫做“森林公园”——它是森林没错，只是可能已不是哥伦布发现美洲大陆的原来面貌了。我常带着小猎犬雷克斯到森林里散步，由于一向很少在森林公园内碰见其他的人，我也就不使用皮带或口罩，而让小雷克斯自由奔跑。

一天，我们在公园内碰见一位骑警，那位警察显然很想表示一下自己的权威。“为什么让这只狗到处乱跑？为什么不用皮带或口罩？你知道这是犯法的吗？”他指责道。

“是的，我知道。”我温和地回答：“但我以为在这种荒无人烟的地方，不会有什么危险。”

“你以为？你以为！法律可一点也不在意你怎么以为。这只狗很可能会咬伤小孩或松鼠，知道吗？我这次不处罚你，但若是我再次见到它不戴口罩或系上皮带，你可就要直接去向法官解释理由了。”我再次温和地表示一定遵守规定。

我是想遵守法律规定——有那么几次。但雷克斯不喜欢口罩，我也不喜欢。所以，我们决定冒一下险。一日下午，我又带了雷克斯到公园里去，我们跑过一座小山丘的顶部，忽然——那真是尴尬的一刻——我又见到那位法律所赋予的权威，正骑着一匹红棕色的马，而雷克斯正笔直地朝他跑过去。

我被逮个正着，是无法逃脱的了。所以不等他开口，我便抢先发言：“警官先生，我是被你逮个正着，罪证俱在，没什么借口了。上星期你还警告我，假如不戴口罩、不系上皮带的话，不可让狗到这里来，否则便要接受处罚。”

“是啊，我是这么讲过。”骑警的语气相当温和：“我知道，像这么一只小狗，让它在荒无人烟的地方跑跑，确是很大的诱惑。”

“的确是很大的诱惑。”我回答：“只是，这违反了法律的规定。”

“啊，一只这么小的狗，应该不会伤到什么人。”骑警不表示同意。

“但它可能咬伤了小松鼠。”我又说道。

“啊，别把事情看得太严重了。”警察告诉我：“我告诉你怎么办。把这只小狗带到我看不见的地方去——我们就不用再提这件事了。”

卡耐基第一次采取不是那么合作的态度，结果骑警给了他严厉的警告，而第二次他采取合作的态度，结果骑警却不断为其开脱责任。

人性当中确实存在这样的弱点，不喜欢别人对抗，对于害怕冲突的 9 号尤其是如此，因为他们对和谐更在乎，对和谐也更敏感。因此，人们在和 9 号交往的过程中，更应该注意采取合作的态度，这样他们能感觉到你对和谐关系的诚意，否则，如果你表现出敌对的态度，那么他们常常会从中感觉到你的轻蔑和冒犯，他们会拒绝和你沟通，或者和你发生一些冲突。

## 紧抓重点，帮 9 号摆脱迷茫

害怕做选择的 9 号常常是迷茫的，他们在与人交流时，常常会提供过量的信息，即他们一旦开始说话，他们说的东西总是要超过你所需要的。你听见他们在一条一条地列举，但是你却很难知道他的重点是什么。他们似乎很享受这种围着问题打转的状态，因为他们从来不去直接针对问题进行解答。

9 号的迷茫心理其实是因为他们对问题的关注常常会站在各个角度，而不会站在一个固定的角度去看问题，他们搜集的信息常常是百科全书的信息。他们对于一个问题，常常是喜欢了解和掌握有关某一个专题的所有信息，这些信息因为没有一个中心架构，所以常常是零散的，也会让人感觉非常繁琐。但是9号依然常常担心，自己是否占有了所有的资讯。

9号对于自己的作用有时候也会低估，他们经常认为别人并没有关注他们，所以他们会反反复复述说同样的一件事，有点像大话西游里边啰唆的唐僧，在说问题的时候，生怕别人不理解，于是，事无巨细，一条一条地进行讲说，为的是别人能够听到自己要表达的东西。

由此可见，9号的问题在于描述过多的细节，让听众陷入到资讯的海洋当中，这通常会覆盖信息中重要的内容。对于没有突出重点的讲话，听众肯定会感到困惑或厌倦的，因为听众和你交流，都会有一些自己的需要，9号如果不能够了解听众需要什么东西，去进行精简内容，那么他们的谈话就很难吸引人，会让人难以忍受和昏昏欲睡的。

话不在多，够用则行。就如同建造一座房子，建造这个房子只需要相关的材料，相关材料只需要相关的数量，而如果只是拿来了大量的材料，但是，该有的材料品种不够，不需要的品种却一大堆，那么这个房子是不可能建造完美的。过多的资讯，其唯一的作用只是占用别人的时间，就像多余的建筑材料会占用空间一样。

人们在和9号沟通时，就需要极强的语言提炼能力，并适当运用引诱发问法，去限定他们的资讯，才能迅速抓住9号想要表达的核心思想，也就不会让自己被9号弄得晕头转向了。

## 多建议，少命令

9号有一个特点，他们表面顺从，但是内心刚硬，他们可以表面答应把事情做好，但具体去做的时候却并不尽心尽力，这就是人们常说的外柔内刚。他们的这个特点来源于他们的妥协，他们为了和谐，习惯牺牲自己的想法和愿望，这样的结果使他们做事情的时候，内心充满不满。

面对敷衍了事的9号，如果使用命令的方法，那么9号内心的不满情绪会上升，甚至会转变成愤怒。他们尽管习惯妥协，但是他们的自尊往往非常敏感，这样他们常常会采取对抗的情绪，这样的方法因而并不可取，你不但难以让他行动，甚至会引起他们的对抗。当然，害怕冲突的9号不会直接表现出自己的愤怒，他们会采取很隐晦的方式来表现自己的愤怒，他们常常会用消极怠工的方式，让你的命令变成无效的命令，他们有行动，但是他们却无作为。

而如果采取建议的方法，则会让他们感觉到你对他们的认可，他们会感觉到内部产生动力，这样的时候，他们会自发地愿意帮助你，他们的意愿和你的意愿会成为交集，这个时候，你们共同的意志则能让他愿意自动自发的帮你做事。

影片《维多利亚女王》中有这样一组镜头：

维多利亚女王很晚才结束工作，当她走回卧房门前时，发现房门紧闭，于是她抬手敲门。卧房内，她的丈夫阿尔伯特公爵问：“是谁？”“快开门吧，除了维多利亚女王还能是谁？”她没好气地回答。房内没有反应。

她接着又敲，阿尔伯特公爵又问：“请再说一遍，你到底是谁？”“维多利亚！”她依然高傲地回答。还是没动静。

她停了片刻，再次轻轻敲门。“谁呀？”这回维多利亚轻声应答：“我是你的妻子，给我开门好吗？阿尔伯特。”门开了。

维多利亚女王刚开始采取命令的态度，但是自己的丈夫拒绝听从她，只是当她转变态度，把自己看成和对方平等时，并且采取建议而不是命令的方式时，她的丈夫阿尔伯特才真正开始帮她开门。

因此人们在与 9 号交往时，要避免使用命令的方式，因为这样会促使 9 号内心的不满情绪会上升，甚至会转变成愤怒，并引发他们一连串的消极抵抗行为。

### 明确责任，给 9 号具体的要求

9 号时缺乏目标的，因为他们不关注自我，他们的思维具有发散性，他们要想了解一件事情，常常需要充足的资讯，需要别人提供充足的细节、特别的要求。他们对了解自己的沟通对象更感兴趣，他们不善于具有自己的立场和采取自己的行动。他们的这种自我遗失的心理特征，决定了人们在和 9 号进行沟通的时候，应该懂得提供具体的细节和要求，以帮助遗失自我的 9 号找到他的目标。也就是说，人们在和 9 号沟通时，如果你想要让他做一件什么样的事情，那么一定要把这件事情的方方面面都给他讲述一下，这样，他会觉得心里有底，而且也能感觉到你对他的理解和重视。

9 号遗失自我心理的另一个表现特征就是他们会在做事的过程中，出现注意力不集中的现象，他们常常会无意中耽误了工期。他们不是特别会安排时间，他们常常在项目的初期，保持非常轻松的态度，他们会觉得时间很多，优哉游哉地进行，但是到了项目的后期，常常会感觉时间不够用，会抓紧草草完工，或者耽误项目的进行。为了预防这个问题，人们一定要懂得给 9 号具体的要求，让他们明确自己的责任是什么，自己的项目进度大概是什么样子的，并且时时提醒他。只有这样，他们才能比较专心地进行一件事情，确保事情能够较好地完成。

有一位父亲带着他的三个孩子去打猎。他们来到森林。

“你看到了什么呢？”父亲问老大。“我看到了猎枪、猎物，还有无边的林木。”老大回答。“不对。”父亲摇摇头说。

父亲以相同的问题问老二。“我看到爸爸、大哥、弟弟、猎枪、猎物，还有无边的林木。”老二回答。“不对。”父亲又摇摇头说。

父亲又以相同的问题问老三。“我只看到了猎物。”老三回答。“答对了。”父亲高兴地点点头说。

老三答对了，是因为老三看到了目标，而且看到了清晰的目标。

故事中的三个孩子代表 9 号的三种发展阶段：老大、老二的思维都太发散，接收的信息太多太凌乱，这是自我迷失的表现，而只看到猎物的老三有着高度的专注力，属于成熟阶段的 9 号。故事中的父亲就是一个引导者，他的目的就是要引导所有的孩子像老三一样目标清晰。人们在与 9 号相处时，也需要像故事中的父亲一样做好引导者，帮助 9 号走出自我迷失的心理困境，找到他们的目标。

如果拥有了专注力，9 号就不会再为选择而烦恼，也不会再害怕冲突，更不用屈服他人的观点，而是专注于自己的需求，并做得越来越好。正如奥地利著名小说家斯蒂芬•茨威格所说：“一切艺术与伟业的奥妙就在于专注，那是一种精力的高度集中，把易于弥散的意志关注于一件事情的本领。”